水力学（工程流体力学）实验

（第2版）

赵振兴　何建京　主编

清华大学出版社

北　京

内 容 简 介

本书是按原国家教育委员会高等教育司制定的《水力学课程教学基本要求》中有关对实验环节的要求而编写的。

全书由三部分组成：第 1 部分为水力要素的量测技术；第 2 部分为水力学及流体力学实验；第 3 部分为实验误差分析。

本书主要作为高等院校的水利类、土建类、机械类各专业本科和专科的实验教材，也可供有关工程技术人员参考。

图书在版编目(CIP)数据

水力学(工程流体力学)实验/赵振兴，何建京主编.—2 版.—北京：清华大学出版社，2021.6
ISBN 978-7-302-57914-4

Ⅰ.①水… Ⅱ.①赵… ②何… Ⅲ.①水力实验－高等学校－教材 ②工程力学－流体力学－实验－高等学校－教材 Ⅳ.①TV131 ②TB126-33

中国版本图书馆 CIP 数据核字(2021)第 060905 号

责任编辑：佟丽霞 赵从棉
封面设计：何凤霞
责任校对：刘玉霞
责任印制：沈 露

出版发行：清华大学出版社
  网　　址：http://www.tup.com.cn，http://www.wqbook.com
  地　　址：北京清华大学学研大厦 A 座　　　　邮　　编：100084
  社 总 机：010-62770175　　　　　　　　　　邮　　购：010-62786544
  投稿与读者服务：010-62776969，c-service@tup.tsinghua.edu.cn
  质量反馈：010-62772015，zhiliang@tup.tsinghua.edu.cn
印 装 者：三河市少明印务有限公司
经　　销：全国新华书店
开　　本：185mm×260mm　　　印　　张：8.25　　　字　　数：197 千字
版　　次：2001 年 5 月第 1 版　 2021 年 7 月第 2 版　　印　　次：2021 年 7 月第 1 次印刷
定　　价：26.00 元

产品编号：086105-01

第2版前言
foreword

　　2001年出版的《水力学实验》教材，至今已使用近20年。经过长期教学实践中的使用，我们认为有必要对教材进行一次修订，使其更加适应目前实验教学的要求。

　　本次再版对原教材做了全面修订，并在各章增加了理论要点，部分实验增加了参考附录，力求使教材的内容更加完整，更加适用于水力学实验独立设课的教学要求。

　　这次再版采用集体讨论、分工执笔的方式进行。参加本次修订工作的有赵振兴(第10章、第11章)、何建京(第1章)、张淑君(第2章、第3章)、王忖(第5章、第8章)、程莉(第6章、第9章)、戴昱(第4章、第7章)。全书由赵振兴、何建京统编审定。

　　由于水平所限，书中缺点和错误在所难免，敬请批评指正。

作　者

2021 年 1 月

第1版前言
foreword

  水力学实验在水力学学科发展及教学中占有重要地位,尤其在我校单独作为一门课程设置后,其重要性更加突出,但多年来水力学实验课一直采用讲义形式,缺少一本正式出版的教材。

  本书是在河海大学水力学教研室多年教学实践经验及原有的讲义基础上,并广泛地吸取国内外实验教材中的优点编写而成的。编写过程中始终贯彻理论联系实际,注重实践环节,并结合了小型台式自循环实验仪器的开发和使用,力求符合学生的认识规律及便于自学的原则。全书共包括三部分:第一部分为水力要素在水力学实验中的量测技术,第二部分为水力学及流体力学实验,第三部分为实验误差分析。

  本书采用集体讨论分工执笔的方式进行,参加本书编写的有赵振兴、何建京、张淑君、程莉、王忖等,全书由赵振兴、何建京统编审定,由许荫椿教授主审。

  由于水平所限,书中的缺点和错误在所难免,恳切希望读者指正。

编 者

2001 年 2 月

目 录
Contents

第1部分 水力要素的量测技术

第2部分 水力学及流体力学实验

第 3 部分　实验误差分析

第 1 部分

水力要素的量测技术

第 1 章
Chapter

液体运动要素量测

1.1 概　　述

在水力学发展进程中,实验研究占有非常重要的地位。许多重要的成果,例如层流和紊流这两种流态的发现及水流阻力规律的发现,都是通过大量的水力学实验得到的。

由于水流的复杂性,重要水利工程设计方案的论证,都需要有模型试验结果的支持。需要通过试验对设计方案中人们所关心的水力学问题进行了解和研究,对水流运动中流态、流量、流速、水深、压强等运动要素进行定量分析,从而可以对设计方案进行比较、修改和优化。所有的水力试验,都离不开对液体运动要素的量测。

在学习水力学和做水力学实验时,应重视对水力要素的量测,加强这方面的训练,掌握量测水力要素的基本方法。本章着重介绍表征水流特征的几个重要水力要素:水位、流量、流速和压强的量测原理和方法。

1.2 水 位 量 测

学会准确地量测水位,是做好水力学实验的重要基本功。因为在进行水力学实验时,一些量测流量、流速和压强的方法都归结为量测水位。

随着水流运动状态的不同,水面的特征也有区别,静止状态的水或流速较小的水流,其水面较稳定,很少波动。而流速较大的水流,其水面常出现不规则的波纹,波动明显。对于恒定流,水位不随时间变化,量测时不需考虑时间因素,而非恒定流水位随时间变化,需要量测瞬时水位和水位随时间的变化过程。因此,必须针对水流的不同特点选用适当的量测方法。

1.2.1 恒定水位的量测

当水面的位置不随时间改变时,通常采用以下几种量测方法。

1. 直接量测法

将具有刻度的标尺或物体放入水中，读出水面位置的读数。例如为量测水槽中的水深，当精度要求不高时，可将直尺插入水中，读出水面的读数，进而得到水深。或者在透明容器的外部附上标尺，直接读出容器内水面位置的读数。例如读取量杯内的水面位置读数，得到量杯内水的体积。

由于表面张力的作用，水面与标尺或容器接触部位水面局部升高，影响到水面位置读数的准确性。在应用直接量测法量测水位时，要考虑由此产生的读数误差。

2. 测压管法

在装有液体的容器侧壁上开一小孔，外接紫铜管、橡皮管和透明的玻璃管（测压管），并在测压管旁设立标尺。根据连通器原理，测压管中的水位必然与容器中的水位同高。通过读出测压管中水面在标尺上的读数即可间接测出容器中的水位。必须注意选用的玻璃管不宜太细，以避免由于表面张力的影响使得玻璃管内的水位高于容器中的水位，造成读数不准确。对于常温下的水，可用下式估计表面张力的影响：

$$h \approx \frac{30.2}{d}$$

式中，d 为玻璃管的直径，h 为玻璃管内水面的升高值，h 与 d 的单位均为 mm。

为减少表面张力的影响，用作测压管的玻璃管内径应大于 10mm。

3. 测针法

一种方法是在需要量测水位处设置固定测针支座，用测针尖量测水面位置；另一种方法是利用紫铜管及橡皮管将水由水槽或容器侧壁上的小孔连通至测针筒内，形成连通器，将测针架固定在测针筒旁边，因为测针筒内的水位与水槽或容器中的水位同高，因此用测针尖量测筒内水位，即可知水槽或容器内水位。前者直接明了，测读方便，但当水流动时，水面易产生波动，不易测读准确。后者在测针筒内测读水位，水面平静，精度较高。但对于动水，该法只能应用于渐变流过水断面，同时要防止侧壁上小孔堵塞或橡皮管内进入气泡，使用前应检查连通器内的液体是否畅通，必要时要进行排气。

实验室内使用两种型号的测针，现分别介绍它们的使用方法。

（1）传统型测针。传统型测针的构造如图 1.1(a)、(b)所示。测针杆是可以上下移动的标尺杆，置于套筒内的芯体中。测针杆既可以相对于芯体作大范围的上下移动，也可以借助微动齿轮旋钮的转动随着芯体作小范围的上下移动。芯体位于套筒内，芯体上装有齿条，与微动齿轮配合。旋转微动齿轮旋钮，芯体可带动测针杆作上下微幅移动。套筒的正面装有游标，与测针杆配合可使读数精度提高到 0.1mm。

使用测针量测水面时应控制测针尖端刚好接触水面。测针的尖端可以做成针形，也可以做成钩形。

当测针尖接触水面后，游标上的零刻度对应测针杆标尺的数值为水位读数。

现简单介绍利用游标提高量测精度的基本原理。测针标尺的单位刻度是 1mm，游标的单位刻度是 0.9mm。测针标尺的单位刻度与游标的单位刻度之差为 1.0mm－0.9mm＝

0.1mm。因此，游标刻度与测针标尺刻度重合处的游标读数是精确到 0.1mm 的读数。例如图 1.1(c)，游标上零刻度正好对应测针读数 2，且两刻度重合，所以水位读数为 2.00cm。再如图 1.1(d)，游标上零刻度对应测针标尺读数在 2.2cm 与 2.3cm 之间，找到游标上 6 的刻度与测针标尺上某一刻度重合，可知此时水位读数为 2.26cm。

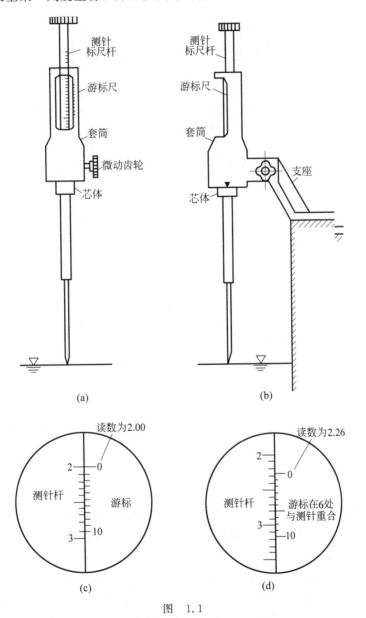

图　1.1

在上下移动测针杆量测水位时，应首先用一只手拖住芯体，另一只手抓住测针杆将其向上（或向下）移动到所需位置附近，此步骤称为粗调（粗调时芯体不随测针杆移动）。再转动微动齿轮旋钮仔细地调节测针尖刚好接触水面，此步骤称为细调。由于微动齿轮调节范围有限，细调范围一般不应大于 0.4cm，以免损坏设备。当向某一方向（向上或向下）实行微调受阻时，应将微动齿轮向相反方向旋动，使测针杆向上（或向下）移动 1.5cm 左右，再按先粗调、后细调的步骤将测针杆调至所需位置。

在做毕托管测流速实验中,毕托管上下移动的方法和读取位置高度的方法与上述方法相同。

(2) 新型测针。新型测针的构造如图1.2(a)、(b)所示,新型测针的构造简单,使用也很方便。

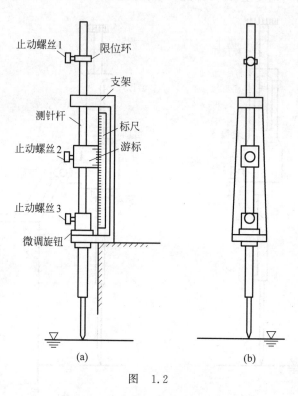

图 1.2

旋松止动螺丝3,测针杆可以上下移动,实现测针杆位置的粗调,即旋紧该螺丝后,再旋转微调旋钮,可调节测针杆作微幅上下移动,实现测针杆位置的细调。止动螺丝2的作用是将游标固定在侧杆上。在量测过程中,不可旋动该螺丝,否则测针的基准面高程将随之改变。止动螺丝1的作用是将限位环固定在测针杆上,防止测针掉入水中,量测过程中也不应再旋动该螺丝。

使用新型测针量测水位时,应用一只手扶住测针杆,另一只手旋松止动螺丝3后,将测针杆向上(或向下)移动到所需位置附近,随即旋紧止动螺丝3,将测针杆固定,这一步骤称为粗调。再旋动微调旋钮,将测针尖调至刚好接触水面,完成细调。这时,游标上零刻度所对应标尺的数值即为水位读数,利用游标可使水位值的读数精确到0.1mm。

使用测针时的几点注意事项如下。

(1) 针尖勿过于尖锐,以半径为0.25mm的圆尖为宜。

(2) 调整测针位置时测针尖端应自上方逐渐移近水面(不应由水中提起,否则易因表面张力作用引起误差)。

(3) 当水位略有波动时,应量测水位多次,然后取其平均值。

测针既可以用来量测水面位置(设以∇_1表示),也可以量测渠底位置(设以∇_2表示),从而可以得到水深的数值,水深$h = \nabla_1 - \nabla_2$。

1.2.2　非恒定水位的量测

当水面位置随着时间的变化而变化时,水位是非恒定的。例如当水面产生波浪后,水位即为非恒定的。非恒定的水位又称动态水位。量测动态水位需用动态水位仪。动态水位仪是电子仪器。使用动态水位仪并配备数据采集系统时可以达到多点、同步自动量测的目的。这对于缩短量测时间、节省人力和及时处理数据均有很大意义。

动态水位仪因其传感器方式不同分为电阻式水位仪和电容式水位仪。

电阻式水位仪又称为跟踪式水位仪。其量测原理是用两根不锈钢棒或炭棒作为两根电极固定在一块绝缘板上,将其放入水中。因为水是一种导体,在两棒之间形成电阻,其电阻值随两棒的入水深度而变化,淹没越深其电阻值越小,反之则越大。这种关系可用下式表示:

$$R_{水} = \frac{D}{\rho L}$$

式中,D 为两棒之间的距离;ρ 为水的电导率;L 为两棒的淹没深度。

跟踪式水位仪的传感器是两根不锈钢针,较长的一根接地,短的一根插入水中 0.5～1.5cm。当探针相对于水面固定不动时,两根探针间的水电阻是不变的,用它作为量测电桥的一臂,并使此时的电桥处于平衡状态,没有信号输出。当水位升降变化时,水电阻相应减小或增大,使电桥不平衡,电桥把不平衡电信号送入放大器。经过放大的信号驱动可逆电机,电机的旋转通过机械部件,齿轮啮合,操纵探针上下移动,使得探针回归平衡位置。此时电桥恢复平衡,无信号输出,电机停止转动,达到自动跟踪水位的目的。如附有记录装置,即可通过记录笔,记下水面波动值。

电容式水位仪的量测原理是基于两同轴圆筒构成的圆柱形电容,该电容的大小与水位呈线性关系。两同轴圆筒形电容 C 的表达式为

$$C = \frac{2\pi \varepsilon l}{\ln\left(\dfrac{R_B}{R_A}\right)} = \frac{2\pi \varepsilon_0 \varepsilon_r l}{\ln\left(\dfrac{R_B}{R_A}\right)}$$

式中,ε 为极板间的绝缘质的介电常数;ε_0 为真空中介电常数,$\varepsilon_0 = 0.0885$;ε_r 为介质的相对介电常数,它随不同介质而异,如空气的 ε_r 近似等于 1;R_B 为外圆半径;R_A 为内圆半径;l 为圆柱高度。

由上式可见,当某一种绝缘体介质 ε 及外形尺寸 R_B 和 R_A 不变时,电容量 C 将正比于水位高度 l。因此水位上升时,电容量增加,反之则减小。电容式水位仪就是根据这一原理制成的。

只要能够满足把水位的变化转为电容量变化的任何绝缘导体都可做成简单的电容传感器。早期是用高强度漆包线作为传感器,目前多选用经过表面处理的钽金属丝作为传感器。钽丝具有良好的介电性能,经化学处理而在其表面形成一层氧化膜后,使电容量增大很多倍,比漆包线电容约大数万至数十万倍。钽丝电容还有一独特的优点,就是其氧化膜厚度,即电容量,很容易在阳极氧化工艺中进行控制,可使不同长度的钽丝得到相同的电容量,从而可使二次仪表的满度值不变。钽具有很高的化学稳定性,除氢氟酸外,即使是硫酸、盐酸

等,对它也不起作用。在一般水中,钽和它的表层氧化膜都是非常稳定的。

钽丝传感器如图1.3所示。镀铬杆接地,钽丝由引线引出。随着水面淹没钽丝的长度不同,形成不同的电容量输出。二次仪表将输出的电容处理后转化成其他电量形式输出到不同的数据采集系统中显示其水位的变化。如电流量输出可接光线示波器显示水位变化曲线;电压量输出可直接由计算机采集对数据作进一步处理。

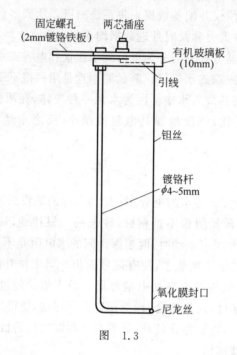

图　1.3

1.3　流　量　量　测

流量是单位时间内流经某一过水断面的流体体积。某瞬时单位时间内流过的流体体积称为瞬时流量。某段时间内流过的流体总体积除以该段时间为该段时间内的平均流量。

实验室中一般都是量测恒定流流量。下面介绍流量的量测方法。

1.3.1　体积法和重量法

体积法和重量法是根据流量的定义进行流量量测。操作方法是在某个固定的时段内,将流经管道或明渠的水流引入一个体积经过标定的固定容器内,量测出这些水的体积,或是用磅秤称出这些水的重量,并记录下时段的长度。用体积除以时间即可得到单位时间内流过的水的体积,即流量。如果测的是重量,可用重量除以水的密度与重力加速度的乘积,即可得到体积,再进行以上计算即可得到流量。

体积法测流量需用秒表一只,标定容积的量水器一个,可以是量筒或水箱。

重量法测流量需用秒表一只,磅秤及水桶各一个。

为提高量测流量的精度,应注意接水的时间要足够长,接水的体积或重量应足够大,以减小记录时间及量测体积或重量的相对误差,从而提高量测的精度。一般接水时间应大于10s,水的体积应大于量筒容量的一半。当所量测的流量较大,受量筒容积的限制,接水时间不够长时,可对流量进行多次量测取平均值。

1.3.2　量水堰法

量水堰法应用于明渠中量测流量。将量水堰置于明渠中,当水流从堰顶溢流时,水流发生垂向收缩,并在上游形成壅水现象。此时堰上水头与过堰流量之间具有确定的相关关系,根据实测的堰顶水头、堰的溢流宽度、堰高等数值就可由堰流公式计算出过堰流量。实验室内常用薄壁堰量测流量。

常用的薄壁堰有矩形和三角堰两种,如图 1.4(a)、(b)所示,其过流纵剖面见图 1.4(c)。

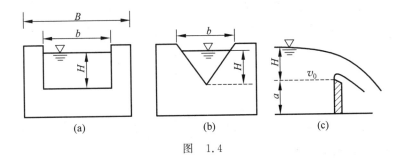

图　1.4

1. 矩形薄壁量水堰

如图 1.4(a)所示,其堰口为矩形。矩形薄壁堰的流量计算公式为

$$Q = m_0 b \sqrt{2g} \, H^{\frac{3}{2}}$$

式中,m_0 为堰的流量系数;b 为溢流宽度;H 为堰上水头。

流量系数 m_0 可用经验公式计算,如雷保克(T. Rehbock)对于自由出流和无侧收缩矩形薄壁堰给出如下公式:

$$m_0 = 0.4034 + 0.0534 \frac{H}{a} + \frac{1}{1610H - 4.5}$$

式中,H 为堰上水头,a 为堰高,H 和 a 的单位均为 m。

上式的适用条件为:$0.025\text{m} \leqslant H \leqslant 2a (a \geqslant 0.3\text{m})$。

2. 三角形薄壁堰

三角形薄壁堰的堰口形状为等腰三角形,简称为三角堰。当三角堰的堰上水头 H 变化时,水面溢流宽度 b 也同时改变,使过流断面的面积产生较大的变化。因此,使用三角堰测小流量时,较小的流量变化会使堰上水头产生较大的变化,从而提高量测精度。所以常用三角堰量测较小的流量。

如图 1.5 所示,如将微小宽度 $\mathrm{d}b$ 的过堰水流看成矩形薄壁堰流,则

$$\mathrm{d}Q = m_0 \sqrt{2g}\, h^{\frac{3}{2}}\, \mathrm{d}b \tag{a}$$

式中,h 为 $\mathrm{d}b$ 处的水头。

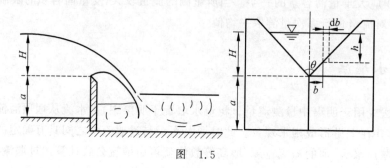

图 1.5

由几何关系

$$b = (H - h)\tan\frac{\theta}{2}, \qquad \frac{\mathrm{d}b}{\mathrm{d}h} = -\tan\frac{\theta}{2}$$

即

$$\mathrm{d}b = -\tan\frac{\theta}{2}\,\mathrm{d}h$$

代入式(a)有

$$\mathrm{d}Q = -m_0 \tan\frac{\theta}{2}\sqrt{2g}\, h^{\frac{3}{2}}\,\mathrm{d}h$$

式中,m_0 为矩形薄壁堰的流量系数。

设 m_0 为常数,将上式积分并乘以 2 即得过堰的流量为

$$Q = -2m_0 \tan\frac{\theta}{2}\sqrt{2g}\int_H^0 h^{\frac{3}{2}}\,\mathrm{d}h = \frac{4}{5}m_0 \tan\frac{\theta}{2}\sqrt{2g}\, H^{\frac{5}{2}}$$

对于直角形三角堰,$\theta = 90°$,上式可写为

$$Q = \frac{4}{5}m_0 \sqrt{2g}\, H^{\frac{5}{2}} = CH^{\frac{5}{2}}$$

式中,C 为直角形三角堰的流量系数。

汤姆森(Thompson)试验给出流量系数 $m_0 = 0.396$,则有

$$C = \frac{4}{5} \times 0.396 \times 4.43 = 1.4$$

因此流量公式为

$$Q = 1.4 H^{\frac{5}{2}} \quad (\mathrm{m^3/s})$$

式中,水头 H 以 m 计。

该式的适用条件为 $H = 0.05 \sim 0.25\,\mathrm{m}$,$a \geqslant 2H$,渠宽 $B_0 \geqslant (3 \sim 4)H$。

1.3.3　压差式流量计法

压差式流量计常用来量测有压管道中的流量。

在有压管道中设置可以引起过流断面变化的节流装置,当连续流动着的水流遇到安放在管道内的节流装置时过水断面突然缩小,流速增大,水流产生收缩现象。在水流流过这种节流装置以后,流速又由于过水断面的变大和水流的扩散而降低,这种流速的变化使节流装置前后的水流压强产生差异。此压强差异的大小与管道内通过的流量(对一定管径而言)存在一定的相关关系。利用这种相关关系就可以根据压差的实际量测值计算出管道中通过的流量。

压差式流量计中的局部管件种类很多,其中应用最多的是文丘里(Venturi)管和孔板。

1. 文丘里流量计

文丘里流量计是以文丘里管作为节流装置,文丘里管包括收缩段、喉管和扩散段 3 个部分,如图 1.6 所示。在收缩段进口断面 1—1 和喉管断面 2—2 处设测压孔,并连接压差计。若暂不考虑能量损失,对 1—1、2—2 两断面可写出能量方程如下:

$$z_1 + \frac{p_1}{\rho g} + \frac{\alpha_1 v_1^2}{2g} = z_2 + \frac{p_2}{\rho g} + \frac{\alpha_2 v_2^2}{2g}$$

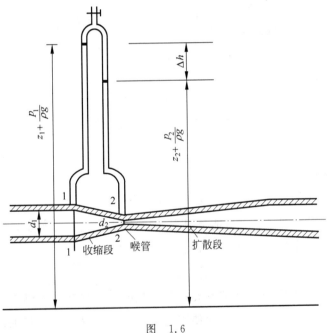

图 1.6

令 $\alpha_1 = \alpha_2 = 1$,有

$$\left(z_1 + \frac{p_1}{\rho g}\right) - \left(z_2 + \frac{p_2}{\rho g}\right) = \frac{v_2^2}{2g} - \frac{v_1^2}{2g}$$

由实验可测得压差计的高差

$$\Delta h = \left(z_1 + \frac{p_1}{\rho g}\right) - \left(z_2 + \frac{p_2}{\rho g}\right)$$

该值是水流单位势能的减少量,即水流单位动能的增加量。如果管道断面为圆形,进口断面直径为 d_1,喉管断面直径为 d_2,由连续方程

$$A_1 v_1 = A_2 v_2$$

可得

$$\frac{v_1}{v_2} = \left(\frac{d_2}{d_1}\right)^2$$

则通过喉管时的水流单位动能的增值为

$$\frac{v_2^2}{2g} - \frac{v_1^2}{2g} = \frac{v_2^2}{2g}\left[1 - \left(\frac{d_2}{d_1}\right)^4\right]$$

即

$$\Delta h = \left(z_1 + \frac{p_1}{\rho g}\right) - \left(z_2 + \frac{p_2}{\rho g}\right) = \frac{v_2^2}{2g} - \frac{v_1^2}{2g} = \frac{v_2^2}{2g}\left[1 - \left(\frac{d_2}{d_1}\right)^4\right]$$

$$v_2 = \frac{1}{\sqrt{1 - \left(\frac{d_2}{d_1}\right)^4}}\sqrt{2g\,\Delta h}$$

通过有压管道的流量为

$$Q_{\text{理}} = v_2 A_2 = \frac{1}{\sqrt{1 - \left(\frac{d_2}{d_1}\right)^4}}\sqrt{2g}\,\frac{\pi d_2^2}{4}\sqrt{\Delta h}$$

令

$$\frac{1}{\sqrt{1 - \left(\frac{d_2}{d_1}\right)^4}}\sqrt{2g}\,\frac{\pi d_2^2}{4} = K$$

当已知 d_1 及 d_2 时 K 为定值,则

$$Q_{\text{理}} = K\sqrt{\Delta h}$$

由于在实际水流流动中存在着能量损失,因此管道中通过的实际流量 $Q_{\text{实}} < Q_{\text{理}}$,引入一个小于 1 的系数 μ 后就可将管道实际流量的计算式写为

$$Q_{\text{实}} = \mu K\sqrt{\Delta h}$$

μ 称为文丘里管的流量系数,其值随着水流流动情况(用雷诺数表示)和管道的几何形状、尺寸(圆管时用 d_2/d_1 表示)而变化。在使用文丘里管时应事先对 μ 值加以率定。在 d_1 与 d_2 均已固定的情况下,根据试验得知 μ 值随雷诺数 Re 的大小变化而变化,但在 Re 较大时 μ 值接近于常数,如图 1.7 所示。

在制造文丘里管时,有标准图纸可供参考,常采用 $d_2/d_1 = 0.5$,其扩散部分的扩散角 α 不宜太大,一般以 5°~7°为宜。为防止生锈,文丘里管常用铜制作。

安装时,在距文丘里管上游 10 倍管径、下游 6 倍管径的距离内应为管径不变的直管,以免影响文丘里管的流量系数值。

文丘里管具有能量损失较小,对水流干扰较少和使用方便等优点,但对管内壁加工精度要求较高。

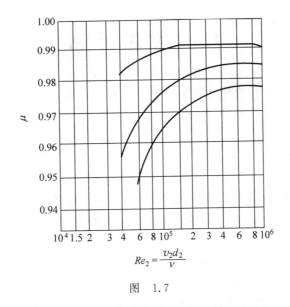

$$Re_2 = \frac{v_2 d_2}{v}$$

图　1.7

2. 孔板流量计

管道中安装孔板的测流原理如图 1.8 所示。孔板的构造较为简单,但因水流在孔板背后形成较大漩涡,水流情况较文丘里管更为混乱,水流能量损失较大。用孔板测流,同样是利用压差计的压差 Δh 与流量 Q 的关系,测得管中流量。其流量可用下式计算:

$$Q = CA \sqrt{2g \Delta h}$$

式中,C 为阻力系数,由试验确定;A 为孔板(过流)面积。

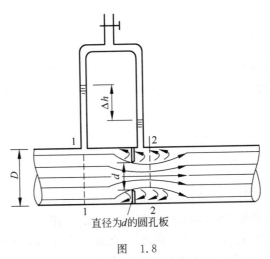

直径为 d 的圆孔板

图　1.8

孔板的加工与安装情况对量测精度有一定的影响,孔板上游也需要具有 10 倍管径长的直管段,以免影响阻力系数。

孔板流量计的缺点是能量损失较大。当管中流量较大时,压差计压差较大,且由于孔板背后漩涡波动剧烈,影响到压差读数不稳定,量测时需取平均值。

1.4　流 速 量 测

实验室内常用毕托管和各种流速仪量测点流速 u，流速量测可分为测时均流速和测瞬时流速。

1.4.1　毕托管法

毕托管是实验室内量测水流点流速最常用的仪器，可用其测时均流速。毕托管由亨利·毕托（Henri Pitot）于 1730 年首创。经过 200 多年来各方面的改进，目前已有几十种形式。

毕托管测流速的原理简单介绍如下：

设水流中某点 A 处的流速为 u，如将一根两端开口的直角弯管插入水流并使其下端管口方向正对 A 点的流速方向，则 A 点的流速出原来的 u 值变为零，而弯管中的液面将比测压管中的液面升高 Δh（测压管液面为未受毕托管干扰时 A 点的测压管液面）。弯管中液面的升高是由于水流的动能转化为势能所引起的。设 A 点处质量为 dm，重量为 dmg 的微小水体，在弯管插入前具有的动能为 $\frac{1}{2}dmu^2$；当弯管插入水流后，A 点流速由 u 变为零，该微小水体的动能全部转化为势能，即

$$\frac{1}{2}dmu^2 = dmg\,\Delta h$$

于是可得

$$\Delta h = \frac{u^2}{2g}$$

可见弯管与测压管的液面之差 Δh 表示水流中 A 点处的单位动能。这个两端开口的直角弯管就称为毕托管，可用以量测水流中某一点的流速。将关系式

$$\Delta h = \frac{u^2}{2g}$$

改写为

$$u = \sqrt{2g\,\Delta h}$$

则只要测出毕托管与测压管中的液面高差 Δh，即可按上式计算出 A 点的流速值。

下面介绍一种常用的毕托管，即普朗特（L. Prandtl）毕托管。

图 1.9(a) 为普朗特毕托管的构造示意图，由图可看出这种毕托管是由两根空心细管组成的。细管 1 为动压管，细管 2 为测压管。量测流速时使细管 1 下端出口方向正对水流流速方向，细管 2 下端出口方向与流速方向垂直。在两细管上端用橡皮管分别与压差计中的两根玻璃管相连接。

图 1.9(b) 为用毕托管测流速的示意图。用毕托管量测水流流速时，必须首先将毕托管及橡皮管内的空气完全排出，然后将毕托管的下端放入水中，并使细管 1 的进口正对测点处

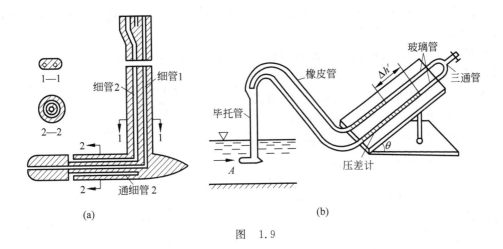

图　1.9

的流速方向。此时压差计的玻璃管在水面即出现高差 Δh。如果所测点的流速较小，Δh 的数值也较小。为了提高量测精度，可将压差计的玻璃管倾斜放置。施测时，测出两管沿倾斜方向的液面距离 $\Delta h'$，并根据玻璃管的倾斜角度 θ 换算出相应的垂直液面高差 $\Delta h = \Delta h' \sin\theta$，将 Δh 代入公式 $u = \sqrt{2g\,\Delta h}$ 中，即可得出所量测点的水流流速值。

　　考虑到水流机械能在相互转化过程中存在能量损失，毕托管对水流有干扰以及动压管与测压管的进口有一定距离等影响，计算式需加以修正，写为

$$u = \varphi\sqrt{2g\,\Delta h}$$

式中，φ 称为毕托管流速校正系数。φ 值与毕托管的构造、尺寸及表面光滑程度等因素有关，须经专门的率定试验来确定。一般 φ 值由毕托管的制造厂商给出。由于 φ 值与 1 很接近，亦可近似地取 $\varphi = 1$。

　　毕托管不宜量测过小的流速（如流速小于 15cm/s），否则量测误差较大。

　　毕托管宜在渐变流水流中量测流速，若水流为急变流，用毕托管测流速可能会产生较大的误差。

　　用毕托管测流速时，仪器本身对流场会产生扰动，这是使用该方法的一个缺点。

1.4.2　流速仪法

本节主要介绍微型旋桨式流速仪、超声波流速仪和激光流速仪的测速原理。

1. 微型旋桨式流速仪

微型旋桨式流速仪的测速原理是：将固定在传感器支架上的旋桨置于水流中的施测点中，旋桨正对水流方向。由于水流冲击旋桨产生转动，流速越大，转动越快。记下单位时间转数 n，就可根据下式求出流速 u：

$$u = Kn + u_0$$

式中，K 为比例系数；n 为单位时间旋桨的转数；u_0 为旋桨启动流速，单位为 cm/s。

　　K, u_0 值均需水槽或孔口率定试验确定，u_0 值越小，流速仪的灵敏度越高。不同的旋

桨有不同的 K 和 u_0 值。同一个旋桨在使用一段时间后,K 和 u_0 值也会发生变化。因此,需要定期对旋桨进行重新率定。

微型旋桨式流速仪由光电式传感器和计数器两部分组成。

光电式传感器由旋桨轮、光源灯珠、聚光珠、光导纤维、光敏三极管及多芯电缆组成,见图 1.10,其作用是将非电量(旋桨转数)通过光电转换为电量(脉冲数)。计数器的作用是定时和计数。

微型旋桨式流速仪的工作原理是:光源灯珠所发出的光经聚光珠聚焦在光导纤维上,光线经光导纤维射在旋桨轮上。旋桨轮在水流冲击下转动,旋桨轮叶片上的一个反光片随之转动。旋桨轮每转动一圈,反光片反射光一次,光敏三极管的电阻也变化一次,产生一个电脉冲信号,经放大整形后输入计数器进行计数。流速越大,旋桨轮的旋动速度也越快,单位时间内的电脉冲信号也就越多。流速和单

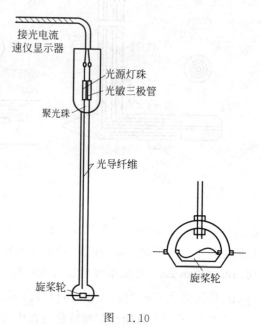

图 1.10

位时间的转数具有一定的比例关系,可由相应的率定曲线确定。

2. ADV

声学多普勒测速仪(acoustic doppler velocimeter)简称 ADV。现国内多采用 Sontek 公司生产的三维声学多普勒测速仪。该仪器可以量测瞬时三维流速,对水流干扰小,量测精度高,无需率定,操作简便且流速资料后处理功能强。

ADV 主要由 3 部分组成:量测探头、信号调整部分和信号处理部分。

量测探头由 3 个接收探头和一个发射探头组成。发射探头位于探头中心,3 个接收探头分布在围绕发射探头轴线的圆周上,相互之间的夹角为 $120°$,采样体位于探头下方 5cm,接收探头与采样体的连线与发射探头轴线之间的夹角为 $30°$。发射探头与接收探头的相对位置是固定不变的,量测中,发射探头发出的声波遇到采样体中运动粒子后发生反射或散射,则接收探头接收到的声波频率将发生变化,这个频率变化称为多普勒频移。运动粒子的速度与多普勒频移、发射频率和声速之间的关系为

$$F_d = F_s(V/C)$$

式中,F_d 为多普勒频移;F_s 为发射频率;V 为运动粒子相对于接收探头的速度;C 为声波速度。V 是指改变运动粒子与接收探头之间距离的运动速度,垂直于运动粒子与接收探头之间连线的运动不会导致多普勒频移。如果运动粒子与接收探头之间的距离减少,则频率增加;如果运动粒子与接收探头之间的距离增加,则频率减小。

信号调理部分由检测微弱反射信号的模拟电路组成。

信号处理部分由一个单独的电路板完成,进行实时三维流速量测值的计算。ADV 的信

号和各种流动参数处理由 WINADV 完成,它提供的数据文件为文本文件,方便分析处理。

3. 激光流速仪

激光流速仪基于多普勒效应的理论。所谓多普勒(Doppler)效应是指当激光照射着运动流体时,激光被跟随流体运动的微粒子所散射,散射光的频率将发生变化,该频率和入射光频率之差即为多普勒频移。多普勒频移与光的波长成反比,与光学系统的几何参数及粒子的运动速度成正比。当确定波长和几何参数后,只要设法检测出多普勒频移,就可以确定运动的速度。

图 1.11 为前向散射参考光型示意图。

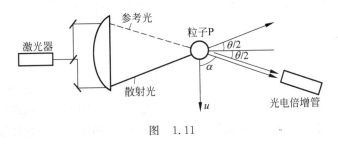

图　1.11

如图 1.11 所示,激光束自激光器射出后,被分光棱镜分成两束,一束为散射光,一束为参考光。它们被透镜聚焦于运动着的粒子 P 上,当 P 被激光束照射时,起到接收和传播光波的作用,因此产生多普勒频移。在参考光束前进的方向上设置有光电倍增管作为光检测器,因而参考光束与粒子 P 的散射光束在光电倍增管上产生频移 f_D。

根据物理学中光学部分的有关原理,进行推导和运算后,可得流速与 f_D 的定量关系为

$$u = \frac{\lambda}{2\sin\dfrac{\theta}{2}} f_D = K f_D$$

比例系数 $\dfrac{\lambda}{2\sin\dfrac{\theta}{2}}$ 与激光波长 λ、两束光的会聚角 θ 有关。对于一定的装置,λ 和 θ 都是一定的,因此 K 为一定数。只要由光检测器测出 f_D,即可求得流速 u。

应用激光量测流体速度是 20 世纪 60 年代发展起来的一种测速方法。由于它具有不干扰流场的突出优点,所以发展十分迅速。目前已在航空、气象、水利、化工等很多部门得到广泛应用。与毕托管、旋桨式流速仪等量测流速的方法相比较,激光测速具有所测流场无干扰(为无接触量测)、空间分辨率高(被测点的体积只有 $0.001\,\mathrm{mm}^3$)、精度高、动态响应快、可测瞬时流速、测速范围大(可量测 $0.04\,\mathrm{mm/s}\sim10^4\,\mathrm{m/s}$ 的速度)等优点。这些优点很适合对层流边界层和紊流的流速量测。对于高温或高度腐蚀性流体的流速量测更是一种比较理想的方法。

但是激光流速仪也同其他仪器一样,使用时具有一定的局限性。它要求被测流体及其边壁有一定的透光性,如果量测管道内的流体流速时,要求有透明的窗口才能进行量测。另外,由于用激光测速时采用的是可见光,容易被流体吸收,难以远距离量测。

1.5 压强量测

压强量测可分为静水压强量测和动水压强量测,在动水压强量测中又分为时均压强量测和瞬时压强量测。静水压强和时均压强通常使用测压管、压差计或压力表量测。瞬时压强的量测则需要使用特制的压强传感器及相应的动态数据采集系统。

随着数据采集和处理技术自动化程度的提高,目前在实验室和许多现代企业中,对静水压强和动水时均压强也都采用压强传感器及数据采集系统量测,便于大量数据的同时采集、传输和处理,实现了数据采集和控制自动化,大大节省了人力,提高了工作效率。

1.5.1 测压管

测压管是一根直径为 1cm 左右的直玻璃管,一端连接在要量测压强的容器壁上,另一端开口,和大气相通,如图 1.12 所示。如果 A 点的压强大于大气压强,测压管液面将上升,只要设置适当的标尺,测出测压管中自由液面在 A 点水平面以上的高度 h,A 点的压强即可求出,即

$$p_A = \rho g h$$

这里的 h 一般称为压强水头或压强高度。

如果被测点 A 处的压强较小,为了提高量测精度,也可以把测压管倾斜放置,如图 1.13 所示,此时用于计算压强的压强高度 $h = h' \sin\alpha$。A 点的相对压强 $p_A = \rho g h' \sin\alpha$。测压管只适用于量测较小的压强,否则,需要的玻璃管过长,应用不方便。若量测较大的压强时,可改用 U 形水银测压计。

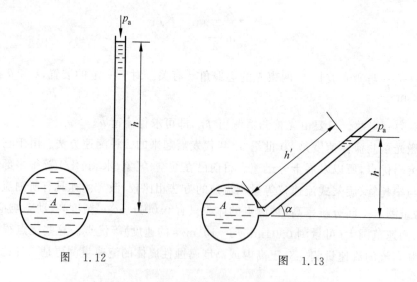

图 1.12 图 1.13

1.5.2 U 形水银测压计

U 形水银测压计是一个内装水银的 U 形管,其装置如图 1.14 所示。它的一端连接在

需要量测压强的部位,另一端与大气相通。如充满液体的容器中 A 点的压强大于大气压强,则 U 形管的右侧管中水银面比左侧管中水银面高出 h,只要测出 a 和 h 的数值,即可求出 A 点的压强。根据等压面的概念,在静止的同一液体中,位于同一水平面上各点的压强是相等的,因此,

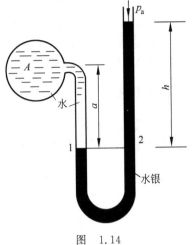

$$p_1 = p_2$$

而

$$p_1 = p_A + \rho g a$$
$$p_2 = p_a + \rho_m g h$$

因 $p_a = 0$,所以 A 点的压强为

$$p_A = \rho_m g h - \rho g a$$

即

$$\frac{p_A}{\rho g} = \frac{\rho_m}{\rho} h - a$$

式中,ρ 为所测液体的密度,ρ_m 为水银密度。

图　1.14

在量测出 a 和 h 两个高度后,即可根据上式求出 A 点处的压强。

1.5.3　压差计

压差计是量测两点压强差的仪器,常用的压差计有空气压差计、油压差计、水银压差计3 种。各种压差计量测压差时,都以等压面原理为依据计算压强差。

1. 空气压差计

空气压差计为一倒置的 U 形管,上部充以空气,下部两端分别用橡皮管连接到容器中需要量测压差的 A、B 两点,如图 1.15 所示。

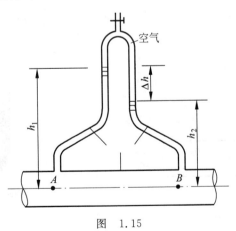

图　1.15

由于 A、B 两点的压强不等,所以 U 形管中的液面高度不同,设两管液面高度差为 Δh,因为空气的密度很小,所以在气柱中因高度 Δh 所引起的压强差可以忽略不计,认为两管内

的液面压强相等,均为 p_0,由此可得

$$p_A = p_0 + \rho g h_1$$

$$p_B = p_0 + \rho g h_2$$

$$p_A - p_B = \rho g \Delta h$$

式中,ρ 为液体的密度。

测得 Δh 后即可求出 A、B 两点的压强差。

2. 油压差计

将空气压差计中的气柱部分装入比所测液体轻的轻质液体,如在测水流压强差时在倒 U 形管中装入油,这种压差计称为油压差计,如图 1.16 所示。此时 1—1 平面为等压面,由此可知

$$p_A - \rho g h_1 = p_B - \rho g h_2 - \rho_{油} \, g \Delta h$$

即

$$p_A - p_B = (\rho - \rho_{油}) g \Delta h$$

从上式可知,若油的密度接近水,则 Δh 变大。因此,油压差计可以放大压强差的读数,从而提高量测的精度。

3. 水银压差计

水银压差计是一种量测较大压强差的压差计,如图 1.17 所示。当 A、B 两点有压差存在,则 C、D 水银面存在高度差 Δh。此时,C 平面为等压面,若 A、B 两点等高,则

$$p_A + \rho g h = p_B + \rho g (h - \Delta h) + \rho_{\mathrm{m}} g \Delta h$$

即

$$p_A - p_B = (\rho_{\mathrm{m}} - \rho) g \Delta h$$

由于 ρ_{m} 比一般液体密度 ρ 大许多,因此使用水银压差计可以缩小压强差的读数。

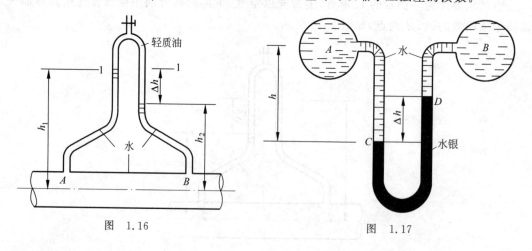

图 1.16   图 1.17

1.5.4 瞬时压强量测简介

前面介绍的压强量测方法只能量测压强的时均值,当需要量测压强的脉动现象,即瞬时

压强时,须使用特制的脉动压强传感器及其相应的数据采集系统。

　　脉动压强传感器采用高精度、高稳定性的扩散硅压力敏感芯片,芯片上的惠斯登电桥输出的电压信号与作用压力有良好的线性关系。因此,压强随时间的变化,可转换为传感器输出端电压信号随时间的变化。经过对输出端电压信号的记录与处理,实现对动态瞬时压强的量测。

　　传感器输出端的动态电压信号可由数据采集系统记录。这一系统通常包括模/数转换接口、计算机及其相应的数据采集和处理软件。应用这套系统,人们可以对瞬时压强进行信息采集、加工和处理,开展分析和研究工作。

第 2 部分

水力学及流体力学实验

第2章
Chapter

水静力学实验

2.1 理 论 要 点

水静力学研究液体平衡(包括静止和相对平衡)规律及其在工程实际中的应用。其主要任务是根据液体的平衡规律,计算静水中的点压强,确定受压面上静水压强的分布规律和求解作用于平面和曲面上的静水总压力等。

1. 液体平衡微分方程及等压面特性

欧拉液体平衡微分方程为

$$\begin{cases} f_x - \dfrac{1}{\rho}\dfrac{\partial p}{\partial x} = 0 \\[2mm] f_y - \dfrac{1}{\rho}\dfrac{\partial p}{\partial y} = 0 \\[2mm] f_z - \dfrac{1}{\rho}\dfrac{\partial p}{\partial z} = 0 \end{cases} \tag{2.1}$$

该方程反映了平衡液体中质量力与压强梯度的关系。亦即,在静止液体内部,若在某一方向上有质量力存在,则这个方向就一定存在压强的变化,反之亦然。

上式积分后可得

$$\mathrm{d}p = \rho(f_x \mathrm{d}x + f_y \mathrm{d}y + f_z \mathrm{d}z) \tag{2.2}$$

因此当液体所受的质量已知时,可求出液体内的压强 p 的具体表达式。

在互相连通的同一种液体中,由压强相等的各点所组成的面称为等压面。

等压面方程为

$$\boldsymbol{f} \cdot \mathrm{d}\boldsymbol{s} = f_x \mathrm{d}x + f_y \mathrm{d}y + f_z \mathrm{d}z = 0 \tag{2.3}$$

等压面的特性:等压面上任意点处的质量力与等压面正交。

在重力作用下,静止均质液体中的等压面是水平面。

2. 重力作用下静水压强的分布规律

1) 水静力学基本方程

在重力作用下,对于不可压缩的均质液体,静止液体的基本方程为

$$z + \frac{p}{\rho g} = C \tag{2.4}$$

或

$$p = p_0 + \rho g h \tag{2.5}$$

其中,p_0 为液体表面压强,h 为被测点水深。

方程表明:当质量力仅为重力时,静止液体内部任意点测压管水头为常数,静止液体内部任一点的静水压强为,表面压强 p_0 加上由表面到该点单位面积的液柱重量 $\rho g h$。

2) 绝对压强、相对压强、真空压强

计算压强大小时,根据起算基点的不同,可以表示为绝对压强和相对压强。

绝对压强:以设想没有任何气体存在的绝对真空为计算零点所得到的压强称为绝对压强,以 p_{abs} 表示。

相对压强:以当地大气压强为计算零点所得到的压强称为相对压强,又称计示压强或表压强,以 p_r 表示。

相对压强与绝对压强之间的关系为

$$p_r = p_{abs} - p_a \tag{2.6}$$

一般来说,某点的绝对压强大于大气压强时,相对压强为正值,称为正压。如果某点的绝对压强小于大气压强时,其相对压强为负值,则认为该点出现了真空。

真空的大小可以采用真空压强 p_v 或真空高度 h_v 表示:

$$p_v = p_a - p, \quad h_v = \frac{p_v}{\rho g} \tag{2.7}$$

3. 重力和惯性力同时作用下的液体平衡

相对平衡状态下液体内部压强分布规律及等压面的形式可以采用欧拉平衡微分方程分析。

以等角速度转动容器内液体绕中垂轴旋转的现象为例,压强分布函数为

$$p = \rho g \left(\frac{\omega^2 r^2}{2g} - z \right) \tag{2.8}$$

4. 作用于平面上的静水总压力

求解作用在平面上的静水总压力的方法有解析法和压力图法。

1) 解析法

任意形状平面上的静水总压力 P 等于该平面形心点 C 的压强 p_C 与平面面积 A 的乘积。

$$P = \rho g h_C A = p_C A \tag{2.9}$$

方向垂直指向受压面。

作用点(压力中心)如下：

$$y_D = \frac{I_C + y_C^2 A}{y_C A} = y_C + \frac{I_C}{y_C A} \tag{2.10}$$

2) 压力图法

对于上、下边与水面平行的矩形平面上的静水总压力及其作用点的位置可以采用压力图法求解。

静水总压力 P 的大小等于压强分布图的面积 Ω 乘以宽度 b 所构成的压强分布体的体积。

$$P = \Omega b \tag{2.11}$$

(1) 若压强分布图为三角形分布,如图 2.1 所示,则

$$P = \Omega_{三角} b = \frac{1}{2}\rho g h^2 b \tag{2.12}$$

作用点与底部距离

$$e = \frac{h}{3} \tag{2.13}$$

(2) 若压强分布图为梯形分布,如图 2.2 所示,则

$$P = \Omega_{梯形} b = \frac{\rho g (h_1 + h_2)}{2} ab = \frac{p_1 + p_2}{2} ab \tag{2.14}$$

作用点与底部距离

$$e = \frac{a}{3}\frac{2p_1 + p_2}{p_1 + p_2} = \frac{a}{3}\frac{2h_1 + h_2}{h_1 + h_2} \tag{2.15}$$

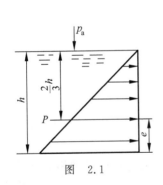

图　2.1

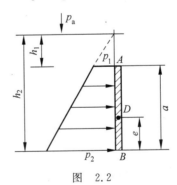

图　2.2

2.2　静水压强实验

1. 实验目的

(1) 加深对水静力学基本方程的物理意义和几何意义的理解,验证静止液体内部任意点的位置水头 z 和压强水头 $\frac{p}{\rho g}$ 之和为常数$\left(即 z + \frac{p}{\rho g} = C\right)$。

(2) 掌握使用测压管量测静水压强的基本方法,学习利用 U 形管测定液体密度。

（3）巩固液体表面压强 $p_0 > p_a$，$p_0 < p_a$ 的概念，观察真空现象。

2. 实验设备

实验设备由透明密闭圆筒水箱、调压筒、测压管、U 形管等组成。圆筒水箱顶部装有通气阀，通过橡胶软管与一可升降的调压筒相连。测压管及 U 形管一端与水箱连通，其中 U 形管内液体为待测密度的油。所有各点高程及测管液面标高均以标尺零读数为基准。具体实验装置如图 2.3 所示。

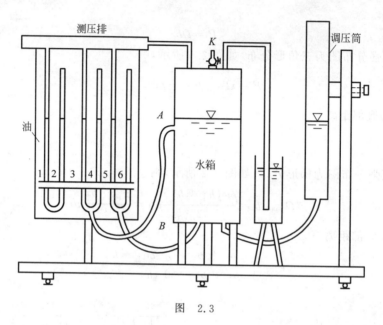

图　2.3

3. 实验原理

在重力作用下，静止液体内任一点的压强

$$p = p_0 + \rho g h$$

因此，在水箱密闭情况下，可以通过调压筒的移动改变水箱内的压强，压强值的大小通过测压管量测计算。

计算压强大小时，根据起算基点的不同，可以表示为绝对压强和相对压强。一般来说，当 $p_0 > p_a$ 时，相对压强为正值，称为正压；当 $p_0 < p_a$ 时，相对压强为负值，称为负压，即出现了真空。真空的大小可以采用真空压强 $p_v = p_a - p_0$ 或真空高度 $h_v = \dfrac{p_v}{\rho g}$ 表示。

4. 实验步骤

（1）熟悉实验仪器，测记有关常数。所有各点高程及测管液面标高均以标尺零读数为基准。

（2）将调压筒放置到适当位置（中间高度），打开通气阀，使水箱内的液面与大气相通，此时液面压强 $p_0 = p_a$，待水面稳定后，观察各测压管的液面位置，验证等压面原理。

（3）关闭通气阀，将调压筒缓慢升至某一高度。此时水箱内液面压强 $p_0 > p_a$，待液面稳定后,观察各测压管的液面高度变化并测记液面标高。继续提高调压筒,使水箱内液面压强增大,再做两次。

（4）打开通气阀,使之与大气相通,待水箱及测压管液面稳定后再关闭（此时不要移动调压筒）。

（5）将调压筒缓慢降低至某一高度,此时水箱内液面压强 $p_0 < p_a$,待液面稳定后,观察各测压管的液面高度变化并测记标高。继续降低调压筒,使水箱内液面压强降低,再做两次。观察小水杯内的真空现象。

（6）将调压筒升至适当位置,打开通气阀,实验结束。

（7）将实验仪器归位,整理实验场地。

5. 注意事项

（1）调整调压筒高度时,应轻升轻降,每次调整幅度不宜过大。

（2）每次改变水箱内压强后,一定要待测压管液面稳定后再量测管内液面标高。

（3）水箱密闭性能要保持良好状态,若水箱内压强未变而测压管水面持续变化时,则表明出现漏气现象,应采取修复措施。

6. 成果要求与分析

（1）根据测记的实验数据,分别求出水箱内液面压强处于正压及负压（真空）状态时 A、B 两点的压强,验证静止液体内部任意点的位置水头和压强水头之和为常数。

（2）测定 U 形管内油的密度。

7. 思考题

（1）什么情况下液面标高 ∇_3 与 ∇_4 相等?

（2）液面标高差 $\nabla_4 - \nabla_3$ 与 $\nabla_6 - \nabla_5$ 相等吗? 为什么?

（3）调压筒的升降为什么能改变容器的液面压强?

（4）实验时,密闭容器内的水面能不能低于 A 点? 为什么?

8. 参考附录

表 2.1　量测记录表格

项目		测压管液面高程差				
		$(\nabla_2 - \nabla_1)/\text{cm}$	$(\nabla_4 - \nabla_3)/\text{cm}$	$(\nabla_6 - \nabla_5)/\text{cm}$	$(\nabla_5 - \nabla_A)/\text{cm}$	$(\nabla_3 - \nabla_B)/\text{cm}$
$p_0 > p_a$	1					
	2					
	3					
$p_0 < p_a$	1					
	2					
	3					

表 2.2　计算表格

项目		$p_0 =$ $\rho g(\nabla_6 - \nabla_5)$ $/(\mathrm{N/cm^2})$	$p'_A = \rho g h_A$ $/(\mathrm{N/cm^2})$	$p_A = p_0 + p'_A$ $/(\mathrm{N/cm^2})$	$p'_B = \rho g h_B$ $/(\mathrm{N/cm^2})$	$p_B = p_0 + p'_B$ $/(\mathrm{N/cm^2})$	油密度 $\rho_{oil} =$ $\dfrac{p_0}{(\nabla_2 - \nabla_1)g}$ $/(\mathrm{g/cm^3})$
		A,B 点静水压强值					
$p_0 > p_a$	1						
	2						
	3						
$p_0 < p_a$	1						
	2						
	3						

2.3　平面静水总压力实验

1. 实验目的

(1) 通过实验测定矩形平面上的静水总压力,验证平面静水压力理论。

(2) 掌握计算平面上静水总压力的解析法及压力图法。

2. 实验设备

实验设备由自循环供水水箱、矩形容器、扇形体、平衡杆及天平盘等组成。开口的矩形容器安装在自循环供水水箱上,通过带有开关的橡胶软管相连。容器上部放置一个与扇形体相连的平衡杆,杆的末端挂有天平盘。具体实验装置如图 2.4 所示。

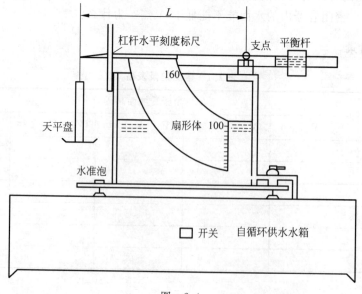

图　2.4

3. 实验原理

当扇形体平面受到水压力作用后,与其相连的平衡杆发生倾斜,因此可以利用力矩平衡原理测求作用在扇形体平面上的静水总压力,如图 2.5 所示。

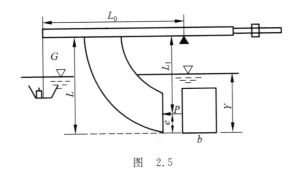

图　2.5

由力矩平衡可知

$$GL_0 = PL_1 \tag{2.16}$$

其中,G 为砝码的重量,$L_1 = L - e$,e 为压力作用点到受压面底部的垂直距离。

则作用在扇形体平面上的静水总压力

$$P = \frac{GL_0}{L_1}$$

4. 实验步骤

(1) 熟悉实验仪器,测记有关常数。

(2) 调整实验仪器底脚螺丝,使水准泡居中,完成仪器调平。

(3) 调整平衡锤使平衡杆处于水平状态。

(4) 启动自循环供水水箱开关,打开矩形水箱进水阀门,待水流上升到适当高度后关闭。

(5) 待水箱内水体稳定后,在天平盘上放置适量砝码,使平衡杆恢复到水平状态。若平衡杆仍无法达到水平状态,也可通过继续进水或放水来调节水量直至平衡。

(6) 记录砝码质量和扇形体上水位的刻度数。

(7) 重复步骤(4)～(6),当水位读数在 100mm(压强分布图为三角形)以下做 3 次,以上(压强分布图为梯形)做 3 次。

(8) 关闭供水水箱开关,打开放水阀门将矩形水箱排空,实验结束。

(9) 将实验仪器归位,整理实验场地。

5. 注意事项

(1) 如需通过调节水量调平平衡杆时,进水或放水速度要缓慢。

(2) 测读数据时,一定要等平衡杆稳定后再读数。

6. 成果要求与分析

(1) 根据测记的实验数据,采用解析法或压力图法,分别计算压强分布图为三角形和梯形的理论压力值。

（2）依据力矩平衡原理,求出压强分布图分别为三角形和梯形的实测压力值,并将其与理论压力值进行比较。

7. 思考题

（1）依据力矩平衡原理计算实测压力值时,扇形体其他侧面受到的水压力是否对结果产生影响？为什么？

（2）影响本实验精度的原因。

8. 参考附录

表 2.3　量测记录表格

压强分布形式	测次	水位读数 H/cm	砝码质量 m/g
三角形分布	1		
	2		
	3		
梯形分布	1		
	2		
	3		

表 2.4　计算表格

压强分布形式	测次	作用点与底部距离 e/cm	作用点与支点垂直距离 $L_1=L-e$ /cm	实测力矩 $M_0=mgL_0$ /N·cm	实测静水压力 $P_实$/N	理论静水压力 $P_理$/N	相对值 $y=\dfrac{P_实}{P_理}$
三角形分布	1						
	2						
	3						
梯形分布	1						
	2						
	3						

2.4　液体相对平衡演示实验

1. 实验目的

（1）观察以等角速度转动的容器内液体绕中垂轴旋转的现象,加深对处于相对平衡状态下液体运动的感性认识。

（2）通过观察在重力和惯性力共同作用下的等压面是一个旋转抛物面,验证质量力与等压面正交的理论。

2. 实验设备

实验设备由电动马达、圆筒水箱等组成。开口的圆筒水箱在马达的带动下以等角速度转动。具体实验装置如图 2.6 所示。

3. 实验原理

盛有液体的容器绕其铅垂的中心轴 Oz 以等角速度 ω 转动时,筒内液体在容器带动下开始转动,在重力及惯性力的共同作用下,水面逐渐形成旋转抛物面形状,如图 2.7 所示。

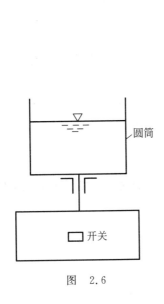

图 2.6

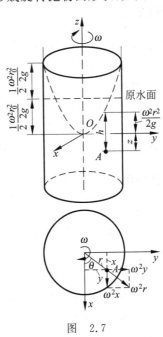

图 2.7

重力

$$G = mg$$

离心惯性力

$$F = m\omega^2 r$$

式中,r 为所考虑的液体质点 A 至 Oz 轴的径向距离,m 为液体质点 A 的质量。

达到相对平衡状态后,则作用在液体上的单位质量力在 3 个坐标上的投影分别为

$$f_x = \omega^2 r\cos\theta = \omega^2 x, \quad f_y = \omega^2 r\sin\theta = \omega^2 y, \quad f_z = -g \tag{2.17}$$

代入欧拉平衡微分方程中可得

$$p = \rho g\left(\frac{\omega^2 r^2}{2g} - z\right) + C \tag{2.18}$$

将边界条件:$x = y = z = 0$,$p = 0$ 代入式(2.18)则得 $C = 0$,即

$$p = \rho g\left(\frac{\omega^2 r^2}{2g} - z\right)$$

表明等压面是绕 Oz 轴的旋转抛物面。

当 $z=0$ 时,上式变为

$$p = \rho g \frac{\omega^2 r^2}{2g} \tag{2.19}$$

式中, $\frac{\omega^2 r^2}{2g}$ 是半径 r 处的水面高出 xOy 平面的距离。则

$$p = \rho g \left(\frac{\omega^2 r^2}{2g} - z \right) = \rho g h \tag{2.20}$$

式中, $\left(\frac{\omega^2 r^2}{2g} - z \right) = h$ 表示液体中任意点在自由面以下的深度。

4. 实验步骤

(1) 熟悉实验仪器,测记有关常数。

(2) 在圆筒中加入适量的水。

(3) 接通电源,开动马达。

(4) 旋转调速旋钮,达到适当转速,并观察容器内水面逐渐形成旋转抛物面形状,实验结束。

(5) 将实验仪器归位,整理实验场地。

5. 注意事项

(1) 圆筒水位要适量。

(2) 圆筒转速要适宜,转速过快水可能泼出筒外,转速太小则无法形成旋转抛物面。

6. 思考题

(1) 若容器密闭,其等压面有什么变化?

(2) 转速对等压面形状有无影响?

(3) 容器是否必须对称于转轴 Oz? 如不对称,结果如何?

第3章 Chapter

液体一元恒定总流实验

3.1 理 论 要 点

从运动学和动力学的角度出发,建立液体运动所遵循的普遍规律。即从质量守恒定律建立水流的连续方程,从能量守恒定律建立水流的能量方程,从动量定理建立动量方程,并利用三大方程解决工程实际问题。

3.1.1 液体运动的几个基本概念

由欧拉法出发,可以建立描述流场的几个基本概念。这些概念对深刻认识和了解液体的运动规律非常重要。

1. 恒定流与非恒定流

用欧拉法表达液体流动时,可把液体流动分为恒定流与非恒定流两大类。液体流动时空间各点处的所有运动要素都不随时间而变化的流动称为恒定流;反之,为非恒定流。

2. 流线与迹线

流线是某一瞬时在流场中绘出的曲线,在此曲线上所有液体质点的速度矢量都和该曲线相切。

迹线则是同一质点在一个时段的运动轨迹线。

3. 均匀流和非均匀流

根据流场中位于同一流线上各质点的流速矢量是否沿流程变化,可将总流分为均匀流和非均匀流。若各质点的流速矢量沿程不变称为均匀流,否则称为非均匀流。

4. 渐变流与急变流

渐变流是流速沿流线变化缓慢的流动。此时流线近乎平行,且流线的曲率很小,渐变流的极限就是均匀流。急变流是流速沿流线急剧变化的流动,此时流线的曲率较大或流线间的夹角较大,或两者皆有之。

5. 系统和控制体

系统是指由确定的连续分布的众多液体质点所组成的液体团(即质点系)。控制体是指相对于某个坐标系来说,有液体流过的固定不变的任何体积。

3.1.2 不可压缩液体恒定总流方程

连续方程为

$$
\begin{cases}
v_1 A_1 = v_2 A_2 \\
Q_1 = Q_2
\end{cases}
\tag{3.1}
$$

恒定总流的能量方程为

$$
z_1 + \frac{p_1}{\rho g} + \frac{\alpha_1 v_1^2}{2g} = z_2 + \frac{p_2}{\rho g} + \frac{\alpha_2 v_2^2}{2g} + h_w
\tag{3.2}
$$

式(3.2)描述了总流单位能量转化和守恒的规律。

如果两个过水断面之间有外界能量加入控制体积,或从控制体积内部取出能量,能量方程修正为

$$
z_1 + \frac{p_1}{\rho g} + \frac{\alpha_1 v_1^2}{2g} \pm h_p = z_2 + \frac{p_2}{\rho g} + \frac{\alpha_2 v_2^2}{2g} + h_w
\tag{3.3}
$$

式中,h_p 为两断面间加入(取正号)或支出(取负号)的单位机械能。

恒定总流的动量方程为

$$
\sum \boldsymbol{F} = \rho Q(\beta_2 \boldsymbol{v}_2 - \beta_1 \boldsymbol{v}_1)
\tag{3.4}
$$

表明在恒定总流中,单位时间内流出与流入控制体积的动量差等于作用在总流控制体积中液体的所有力的矢量和。

具体应用时,一般是利用其在某坐标系上的投影式进行计算:

$$
\begin{cases}
\sum F_x = \rho Q(\beta_2 v_{2x} - \beta_1 v_{1x}) \\
\sum F_y = \rho Q(\beta_2 v_{2y} - \beta_1 v_{1y}) \\
\sum F_z = \rho Q(\beta_2 v_{2z} - \beta_1 v_{1z})
\end{cases}
\tag{3.5}
$$

3.2 流线演示实验

1. 实验目的

(1) 演示各种不同边界条件下的水流形态,观察水流运动的流线、迹线及产生的漩涡等现象。

（2）观察绕流现象,熟悉驻点、尾流、卡门涡街及边界层分离等概念,增强对流体运动特性的认知。

2. 实验设备

实验设备由壁挂式显示屏、水泵、不同边界形状剖面、掺气装置及水箱等组成。掺气后的水流在水泵驱动下流经不同边界条件的通道,并显示相应的流线谱。整个设备由 7 台演示仪组成,每台仪器都是一套独立的装置,可单独或同时使用。具体实验装置如图 3.1 所示。

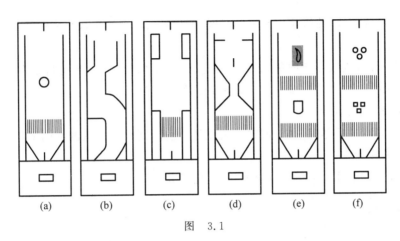

图　3.1

流线是某一瞬间在流场中绘出的一条曲线,线上各点的速度方向都与该曲线相切,流线是光滑曲线或直线,流线一般不相交。迹线是质点运动的轨迹。在恒定流情况下,流线与迹线重合。因此当水流流经各种形状的固体边界时,可以通过在水流中掺气的方法直观地展现相应的流线谱,进而形象地显示各种水流形态及其水流内部质点运动的特性。流线流经各种形状的固体边界时,可以清晰地反映出流线的特性及性质,可以形象地显示水流的流动趋势。

3. 实验步骤

1）操作步骤

（1）接通电源,启动水泵。

（2）转动进气量旋钮,调节气泡大小。

2）演示内容

a 型:单圆柱绕流

（1）驻点:观察流经圆柱前端驻点处的小气泡运动特性,了解流速与压强在圆柱周边的变化情况。

（2）边界层分离:流线显示了圆柱绕流边界层分离现象,可观察边界层分离点的位置及分离后的回流形态。

（3）卡门涡街:边界层发生分离后,在圆柱尾流区交替产生旋转方向相反的两排漩涡,并流向下游。

b型：30°圆角转弯,90°圆角转弯,45°折角转弯

在每一转弯的后面都伴有漩涡产生,转弯角度不同,漩涡大小、形状也不同。

c型：突然扩大、突然收缩

(1) 在突然扩大段出现强烈的漩涡区。

(2) 在突然收缩段仅在拐角处出现漩涡。

(3) 在直角转弯处,流线弯曲,越靠近弯道内侧流速越小,由于流道很不顺畅,回流区范围较广。

d型：逐渐收缩、逐渐扩散及孔板(或丁坝)

(1) 在逐渐收缩段,流线均匀收缩,无漩涡产生；在逐渐扩散段可看到边界层分离而产生明显的漩涡。

(2) 在孔板前,流线逐渐收缩,汇集于孔板的过流孔口处,只在拐角处有小漩涡出现；孔板后水流逐渐扩散,并在主流区周围形成较大的漩涡回流区。

e型：桥墩、机翼绕流

圆头方尾形状的桥墩(钝体)和机翼(流线体)绕流,观察尾流区的不同水流现象。

f型：多圆柱绕流

每个圆柱或方形体尾流区漩涡相互影响,流动复杂。

4. 注意事项

调节进气阀的进气量,使气泡大小适中,保证流线形状清晰。

5. 思考题

(1) 漩涡区与水流能量损失有什么关系？空化现象为什么常常发生在漩涡区？

(2) 指出演示设备中的急变流区。

(3) 卡门涡街具有什么特性？对绕流物体有什么影响？

3.3　能量方程实验

1. 实验目的

(1) 观察恒定流的情况下,当管道断面发生改变时水流的位置势能、压强势能和动能的沿程转化规律,加深对能量方程的物理意义及几何意义的理解,验证恒定总流能量方程。

(2) 了解均匀流、渐变流断面及急变流断面压强分布规律及其水流特征。

(3) 测定、计算管道的测压管水头及总水头值,绘制管道的测压管水头线及总水头线。

2. 实验设备

实验设备由自循环供水箱、恒压水箱、溢流板、管道、毕托管、测压管及阀门等组成。在编号1~7过水断面处同时安装了毕托管和测压管。A、B及C断面各连接3根测压管。具

体实验装置如图 3.2 所示。

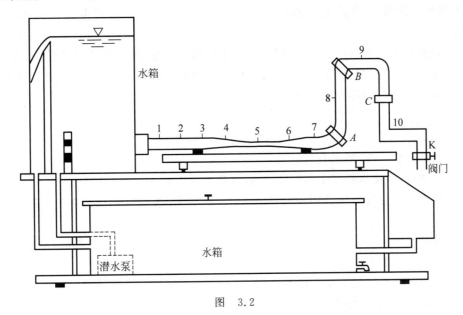

图　3.2

3. 实验原理

液体在流动的过程中,液体的各种机械能是可以相互转化的。由于实际液体存在黏性,液体运动时为克服阻力会消耗一定的能量,即水头损失,也就是一部分机械能转化为热能而散失,因此,总机械能总是沿程减少。

液体在有压管道中作恒定流动时,其能量方程表示如下:

$$z_1 + \frac{p_1}{\rho g} + \frac{\alpha_1 v_1^2}{2g} = z_2 + \frac{p_2}{\rho g} + \frac{\alpha_2 v_2^2}{2g} + h_w$$

在均匀流和渐变流断面上,压强分布符合静水压强分布规律,即

$$z + \frac{p}{\rho g} = C$$

但不同断面的 C 值不同。

对于急变流,由于流线的曲率较大,因此惯性力亦将影响过水断面上的压强分布规律,如图 3.3 所示。

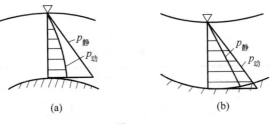

(a)　　　　　　　(b)

图　3.3

上凸曲面边界上的急变流断面如图 3.3(a)所示,离心力与重力方向相反,所以 $p_{动}<p_{静}$;下凹曲面边界上的急变流断面如图 3.3(b)所示,离心力与重力方向相同,所以 $p_{动}>p_{静}$。

在管道各断面上安装毕托管及测压管,当水流通过渐缩、渐扩断面及弯管时,测压管水头和总水头的沿程变化反映出单位位能、单位压能和单位动能之间的相互转换及水头损失,同时也可以观察凹凸边界上动水压强的变化规律。

4. 实验步骤

(1) 熟悉实验仪器,测记有关常数。

(2) 启动水泵,使水箱充水并保持溢流,保持水位恒定。

(3) 检查测压管与毕托管的液面是否齐平,若不平,则需检查管路中是否存在气泡并排出。

(4) 打开尾阀 K,观察各断面位置水头、压强水头及总水头的变化趋势,观察急变流断面 A 及 B 处的压强分布规律。

(5) 量测各断面测压管及毕托管水头。

(6) 改变流量,重复步骤(3)~(5),实验结束。

(7) 将实验仪器归位,整理实验场地。

5. 注意事项

(1) 调节流量时注意测压管中水位的变化,不要使测压管水面下降太多,以免空气倒吸入管路系统,影响实验结果。

(2) 流速较大时,测压管水面有脉动现象,读数时要读取时均值。

6. 成果要求与分析

(1) 绘制管道测压管水头及总水头线并进行分析。

(2) 掌握急变流断面压强变化规律。

7. 思考题

(1) 实验中哪个测压管水面下降最大? 为什么?

(2) 毕托管中的水面高度能否低于测压管中的水面高度?

(3) 在逐渐扩大的管路中,测压管水头线变化规律是什么?

8. 参考附录

表 3.1　量测记录表格

项目	测压管液面高程读数/cm									
	∇_1	∇_2	∇_3	∇_4	∇_5	∇_6	∇_7	∇_8	∇_9	∇_{10}
1										
2										

续表

项目	毕托管液面高程读数/cm									
	∇_1	∇_2	∇_3	∇_4	∇_5	∇_6	∇_7	∇_8	∇_9	∇_{10}
1										
2										

项目	急变流断面液面高程读数/cm						渐急变流断面液面高程读数/cm		
	A			B			C		
	∇_{11}	∇_{12}	∇_{13}	∇_{14}	∇_{15}	∇_{16}	∇_{17}	∇_{18}	∇_{19}
1									
2									

3.4　动量方程实验

1. 实验目的

（1）测定管嘴喷射水流对平板或曲面板所施加的冲击力。

（2）将测出的冲击力与用动量方程计算出的冲击力进行比较,验证恒定总流动量方程。

2. 实验设备

实验设备由自循环供水箱、恒压水箱、溢流板、喷嘴、杠杆、砝码及 $\alpha=90°$ 的平面板和 $\alpha=135°$ 及 $\alpha=180°$ 的曲面挡板等组成（α 为射流射向平面或曲面板后的偏转角度）。恒压水箱水流经过喷嘴后形成射流,冲击与杠杆相连的挡板,具体实验装置如图 3.4 所示。

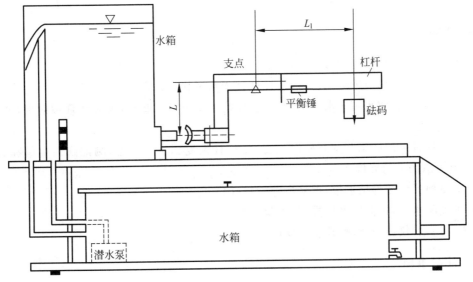

图　3.4

3. 实验原理

液体恒定总流动量方程为

$$\sum \boldsymbol{F} = \rho Q(\beta_2 \boldsymbol{v}_2 - \beta_1 \boldsymbol{v}_1)$$

即单位时间内作用在控制体内液体上的合外力等于控制体内净流出的动量。

如只考虑水平方向作用力，则水流冲击在挡水板上的作用力为

$$F = \rho Q v(1 - \cos\alpha) \tag{3.6}$$

α 为射流射向平面或曲面板后的偏转角度。

$$\begin{cases} \alpha = 90° \text{ 时}, & F_{90°} = \rho Q v(1 - \cos\alpha) = \rho Q v \\ \alpha = 135° \text{ 时}, & F_{135°} = \rho Q v(1 - \cos\alpha) = 1.707\rho Q v \\ \alpha = 180° \text{ 时}, & F_{180°} = \rho Q v(1 - \cos\alpha) = 2\rho Q v \end{cases} \tag{3.7}$$

实验选取 3 种不同出水角度的挡板，当水流冲击挡板时，与其相连的杠杆发生倾斜，因此，可以利用力矩平衡原理求出射流作用在挡板上的冲力，如图 3.5 所示。

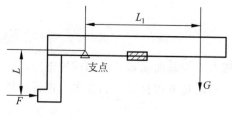

图 3.5

由力矩平衡可知

$$FL = GL_1 \tag{3.8}$$

其中，L 为冲力力臂，L_1 为砝码重力力臂，则射流作用在挡板上的力为 $F = \dfrac{GL_1}{L}$。

4. 实验步骤

（1）熟悉实验仪器，测记有关常数。

（2）安装挡板，调节平衡锤位置，使杠杆处于水平状态。

（3）启动水泵，使水箱充水并保持溢流，保持水位恒定。此时，水流从管嘴射出，冲击挡板中心，杠杆发生倾斜。

（4）在杠杆上加砝码并调节砝码位置，使杠杆恢复到水平状态，测记砝码重量和力臂，同时采用体积法量测流量。

（5）更换另外 2 种挡水板，重复步骤（2）～（4）。

（6）关闭水泵，将恒压水箱排空，实验结束。

（7）将实验仪器归位，整理实验场地。

5. 注意事项

（1）测流量时，计时与量筒接水一定要同步进行，减小流量的量测误差。

（2）为提高实验精度，测每组的流量数据时应测两次 Q_1 和 Q_2，记录这两次的实测数据，计算时选取这两次的流量平均值为实测流量：$Q=(Q_1+Q_2)/2$。

（3）量测流量后，量筒内的水必须倒入与水箱相连的接水器内，以保证水箱循环水充足。

6．成果要求与分析

（1）根据动量方程，分别计算射流在 3 种挡水板上作用力的理论值。

（2）依据力矩平衡原理，求出冲击在 3 种挡板上的实测作用力，并将其与理论值进行比较。

7．思考题

（1）作用力的实测值与理论值有差异，除实验误差外还有什么原因？

（2）流量很大与很小时各对实验精度有什么影响？

（3）依据力矩平衡原理计算实测作用力值过程中，平衡锤产生的力矩为什么没有考虑？

8．参考附录

表 3.2　量测记录及计算表格

板的型式	实测射流作用力			计算射流作用力								相对误差 $\dfrac{F_{实}-F_{理}}{F_{理}}\times 100\%$
	力臂 L_1 /cm	砝码质量 m /g	实测作用力 $F_{实}$ /N	测次	量水总质量 m /g	量水体积 V /cm³	时间 t /s	流量 Q /(cm³/s)	平均流量 Q /(cm³/s)	流速 v /(cm/s)	理论作用力 $F_{理}$ /N	
90°板				1								
				2								
135°板				1								
				2								
180°板				1								
				2								

第4章 Chapter

液流流态与液流阻力实验

4.1 理 论 要 点

4.1.1 水头损失的分类

水头损失分为沿程水头损失 h_f 和局部水头损失 h_j 两大类。

应用恒定总流能量方程时,在选定的两个均匀流或渐变流断面之间的水头损失可写为

$$h_w = \sum h_f + \sum h_j$$

4.1.2 液体流动的两种流态——层流和紊流

同一种液体在管道中流动,当流速不同时,液体可以有两种不同的流态。当流速较小时,管中水流的全部质点以平行而不相混杂的方式流动,这种形态的液体流动称为层流。当流速较大时,管中水流各质点间发生互相混杂的运动,这种形态的液体流动称为紊流。

1. 沿程水头损失 h_f 与断面平均流速 v 的关系

层流与紊流的沿程水头损失的规律也不同。层流的沿程水头损失 h_f 与断面平均流速 v 的 1 次方成正比,即 $h_f \sim v^{1.0}$,紊流的沿程水头损失 h_f 与断面平均流速 v 的 $1.75 \sim 2.0$ 次方成正比,即 $h_f \sim v^{1.75 \sim 2.0}$。

视水流情况,可表示为 $h_f = kv^m$,式中 m 为指数,或表示为 $\lg h_f = \lg k + m \lg v$。

2. 流态的判别——雷诺(Reynolds)数

圆管流动中采用雷诺数来判别流态

$$Re = \frac{vd}{\nu}$$

式中,v 为断面平均流速;d 为圆管直径,ν 为管中液体的运动黏度。

　　经过在圆管中的反复试验，下临界雷诺数比较稳定，其值约为 $Re_c = 2300$，当 $Re < 2300$ 时为层流状态；$Re > 2300$ 时为紊流状态。

　　雷诺数的物理意义可以理解为水流的惯性力和黏滞力之比。对于小雷诺数，意味着黏滞力的作用大，黏滞力对液体质点运动起抑制作用，当雷诺数 Re 小到一定程度，呈层流流态；反之呈紊流流态。

4.1.3　沿程水头损失的一般公式

　　计算沿程水头损失 h_f 的一般公式为

$$h_f = \lambda \frac{l}{d} \frac{v^2}{2g}$$

和

$$h_f = \lambda \frac{l}{4R} \frac{v^2}{2g}$$

　　上式称为达西-魏斯巴赫（Darcy-Weisbach）公式，对于层流和紊流均适用。应用时要根据边界条件和流态，选用合适的沿程水头损失系数 λ。

4.1.4　沿程水头损失系数 λ 的试验研究

　　1933 年尼古拉兹通过 6 组相对粗糙度 $\frac{\Delta}{d}$ 为 $\frac{1}{30}$，$\frac{1}{61.2}$，$\frac{1}{120}$，$\frac{1}{252}$，$\frac{1}{504}$ 及 $\frac{1}{1014}$ 的系数试验，揭示了人工粗糙管道中沿程水头损失系数的规律。许多学者包括尼古拉兹在实用管道（钢管、铁管、混凝土管、木管、玻璃管等）中也分别进行了大量的试验研究，得到了实用管道沿程水头损失系数 λ 的有关规律。

　　圆管中层流和紊流沿程水头损失系数 λ 的变化规律小结如下：

　　层流区

$$\lambda = \lambda(Re) = \frac{64}{Re}，即 \lambda \sim Re^{-1}$$

　　紊流光滑区

$$\lambda = \lambda(Re)，且 \lambda \sim Re^{-\frac{1}{4}}（当 Re < 10^5）$$

　　紊流过渡粗糙区

$$\lambda = \lambda\left(\frac{\Delta}{d}, Re\right)$$

　　紊流粗糙区

$$\lambda = \lambda\left(\frac{\Delta}{d}\right)，\lambda 与 Re 无关$$

　　圆管中沿程水头损失 h_f 与断面平均流速 v 的关系可小结如下：

　　层流区

$$h_f \sim v^{1.0}$$

紊流光滑区

$$h_{\mathrm{f}} \sim v^{1.75}$$

紊流过渡粗糙区

$$h_{\mathrm{f}} \sim v^{1.75 \sim 2.0}$$

紊流粗糙区

$$h_{\mathrm{f}} \sim v^{2.0}$$

4.1.5　局部水头损失

由于边界形状的急剧改变,主流就会与边界分离出现漩涡,并且水流的流速分布发生变化,从而消耗一部分机械能,此时单位重量液体的能量损失即为局部水头损失。

边界形状的改变有水流断面的突然扩大或突然缩小、弯道及管路上安装阀门等。

局部水头损失 h_{j} 常用流速水头与局部水头损失系数 ζ 的乘积表示:

$$h_{\mathrm{j}} = \zeta \frac{v^2}{2g}$$

局部水头损失系数 ζ 是流动形态与边界形状的函数,即 $\zeta = f(Re, 边界形状)$。一般水流的雷诺数 Re 足够大时,可认为系数 ζ 不再随雷诺数 Re 而变化,而视为常数。

管道局部水头损失目前仅有突然扩大段可采用理论分析,并可得出足够精确的结果。其他情况则需要用实验方法测定 ζ 值,计算时可以查阅有关水力计算手册和资料。突然扩大段的局部水头损失可应用动量方程与能量方程及连续方程联合求解得到如下理论公式:

$$h_{\mathrm{j}} = \zeta_1 \frac{v_1^2}{2g}, \quad \zeta_1 = \left(1 - \frac{A_1}{A_2}\right)^2$$

$$h_{\mathrm{j}} = \zeta_2 \frac{v_2^2}{2g}, \quad \zeta_2 = \left(\frac{A_2}{A_1} - 1\right)^2$$

式中,A_1 和 v_1 分别为突然扩大上游管段的断面面积和平均流速;A_2 和 v_2 分别为突然扩大下游管段的断面面积和平均流速。

4.2　雷诺实验

1. 实验目的

(1) 观察层流和紊流的流动特征及其转变情况,以加深对层流、紊流形态的感性认识。

(2) 测定层流与紊流两种流态的沿程水头损失 h_{f} 与断面平均流速 v 之间的关系。

(3) 绘制沿程水头损失 h_{f} 与断面平均流速 v 的对数关系曲线,即 $\lg h_{\mathrm{f}}$-$\lg v$ 曲线,并计算图中层流、紊流区的斜率 m 和临界雷诺数。

2. 实验设备

实验设备由自循环供水水箱、矩形溢流水箱、管道、尾阀和尾水箱组成。矩形溢流水箱、尾水箱与自循环供水水箱之间均用 PVC 软管相连。潜水泵启动后,水流由供水水箱进入矩形水箱,超过溢流板高度后产生溢流,以保持水头恒定。矩形水箱侧壁开孔接水平直管,管道末端设置尾阀可调节管中水流流量。水流从管道出口流出后,经尾水箱重新流回供水水箱,完成自循环。管壁上相距 1m 的两个断面处开测压孔,用 PVC 软管与倒 U 形空气压差计相接。实验设备示意图如图 4.1 所示。

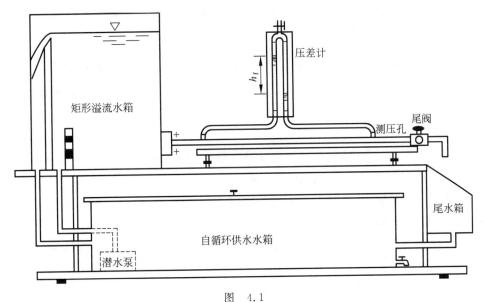

图 4.1

3. 实验原理

每套实验设备的管径 d 固定,当水箱水位保持不变时,管中水流为恒定流。对布设测压孔的两个断面列能量方程,可导出沿程水头损失 h_f:

$$z_1 + \frac{p_1}{\rho g} + \frac{\alpha v_1^2}{2g} = z_2 + \frac{p_2}{\rho g} + \frac{\alpha v_2^2}{2g} + h_f$$

当管径不变,$v_1 = v_2$,取 $\alpha_1 = \alpha_2 \approx 1.0$,因此

$$h_f = \left(z_1 + \frac{p_1}{\rho g}\right) - \left(z_2 + \frac{p_2}{\rho g}\right) = \Delta h$$

Δh 的值由压差计读出。

圆管流动中断面平均流速 $v = Q/A$,采用雷诺数 $Re = \dfrac{vd}{\nu}$ 来判别流态:

当 $Re < Re_c$(下临界雷诺数)时为层流状态,$Re_c = 2300$;当 $Re > Re_c$ 时为紊流状态。

4. 实验步骤

(1) 熟悉仪器,测记有关常数。

(2) 启动抽水机,打开进水阀门,使水箱充水,并保持溢流,使水位恒定。

(3) 检查尾阀全关时,压差计液面是否齐平,若不平,则需排气调平。

(4) 将尾部阀门开至量程范围内最大,然后逐步关小阀门,使管内流量逐步减小,每改变一组流量,均待水流平稳后,测定每组的流量以及压差计液面标高 ∇_1 和 ∇_2,则实验管段的水头损失(即压差)$h_f = \Delta h = \nabla_1 - \nabla_2$。流量 Q 用体积法量测。用烧杯接水,同时用秒表计时间 $T_秒$ 秒。称出水的质量 $m_水$,计算水的体积 $V_水 = m_水/\rho$。流量 $Q = V_水/T_秒$,相应的断面平均流速 $v = Q/A$。

(5) 用尾阀调节流量,共做 10 组,由于层流流态时压差较小,当接近层流流态即测压管高差在 1cm 左右时,为保证层流区有足够多的实验数据点,每组压差的减小值只能为 2～3mm。

(6) 用温度计量测当日水温,由此可查得运动黏滞系数 ν,从而计算雷诺数 $Re = \dfrac{vd}{\nu}$。

(7) 继续调节尾阀,流量由小逐步开大,管内流速慢慢加大,重复上述步骤,再做 10 组。

5. 注意事项

(1) 在整个实验过程中,要特别注意保持水箱内的水头稳定,每变动一组阀门开度,均待水头稳定后再量测流量和压差计液面标高。

(2) 为提高实验精度,测每组的流量数据时应测两次 Q_1 和 Q_2,记录这两次的实测数据,计算时选取这两次流量的平均值为实测流量,即 $Q = (Q_1 + Q_2)/2$。

(3) 在流动形态转变点附近,流量变化的间隔要小些,使测点多些以便准确测定临界雷诺数。

(4) 在层流流态时,由于流速 v 较小,所以水头损失 h_f 值也较小,应耐心、细致地多测几组。同时注意不要碰撞设备,并保持实验环境的安静,以减少扰动。

6. 成果要求与分析

(1) 依据测记的实验数据,绘制 $\lg h_f - \lg v$ 曲线,并计算图中层流、紊流区的斜率 m,分析临界雷诺数。

(2) 分析层流与紊流两种流态的沿程水头损失 h_f 与断面平均流速 v 之间的关系。

7. 思考题

(1) 如果压差计用倾斜管安装,压差计的读数是不是沿程水头损失 h_f 值? 管内用什么样性质的液体比较好? 其读数怎样换算为实际压强差值?

(2) 为什么不用临界流速来判别层流和紊流?

8. 参考附录

测记以下有关常数:

(1) 管径 $d = $ _____ cm。　　　　(2) 断面面积 $A = $ _____ cm²。

(3) 水温 $T = $ _____ ℃。　　　　(4) 运动黏滞系数 $\nu = $ _____ cm²/s。

表 4.1　雷诺实验量测记录表格

测组	测压管液面高程读数			量水质量		量水体积		量水时间		流量		
	∇_1 /cm	∇_2 /cm	Δh /cm	m_1 /g	m_2 /g	V_1 /cm^3	V_2 /cm^3	T_1 /s	T_2 /s	Q_1 /(cm^3/s)	Q_2 /(cm^3/s)	Q /(cm^3/s)
1												
2												
⋮												
20												

表 4.2　雷诺实验计算表格

测组	流量	流速	水头损失	$\lg h_f$	$\lg v$	雷诺数
	Q /(cm^3/s)	v /(cm/s)	h_f /cm			$Re = \dfrac{vd}{\nu}$
1						
2						
⋮						
20						

4.3　管道沿程水头损失实验

1. 实验目的

（1）掌握测定管道沿程水头损失系数 λ 的方法。

（2）绘制沿程水头损失系数 λ 和雷诺数 Re 的对数关系曲线，即 $\lg 100\lambda$-$\lg Re$ 曲线。

2. 实验设备

实验设备由自循环供水水箱、人工粗糙管道、尾阀和尾水箱组成。人工粗糙管道、尾水箱与自循环供水水箱之间均用 PVC 软管相连。潜水泵启动后，水流进入人工粗糙管道，管道水平放置，末端设置尾阀可调节管中水流流量。水流从管道出口流出后，经尾水箱重新流回供水水箱，完成自循环。管壁上相距 1m 的两个断面处开测压孔，用 PVC 软管与倒 U 形空气压差计相接。实验设备示意图如图 4.2 所示。

3. 实验原理

对于通过等直径管道中的恒定水流，对布设测压孔的两个断面列能量方程，可导出沿程水头损失 h_f：

$$h_f = \left(z_1 + \frac{p_1}{\rho g}\right) - \left(z_2 + \frac{p_2}{\rho g}\right) = \Delta h$$

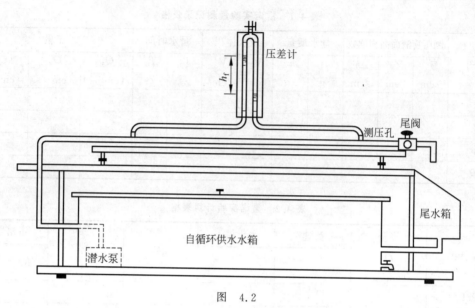

图　4.2

Δh 的值由压差计读出。

同时,我们知道沿程水头损失 h_f 的表达式

$$h_\mathrm{f} = \lambda\,\frac{l}{d}\,\frac{v^2}{2g}$$

式中,λ 为沿程水头损失系数;l 为过水断面 1—1 和 2—2 之间的长度;d 为圆管直径;v 为圆管水流的断面平均流速。

则沿程水头损失系数 λ 为

$$\lambda = \frac{h_\mathrm{f}}{\dfrac{l}{d}\dfrac{v^2}{2g}} = \frac{\left(z_1 + \dfrac{p_1}{\rho g}\right) - \left(z_2 + \dfrac{p_2}{\rho g}\right)}{\dfrac{l}{d}\dfrac{v^2}{2g}} = \frac{\Delta h}{\dfrac{l}{d}\dfrac{v^2}{2g}}$$

圆管流动中断面平均流速 $v = Q/A$,采用雷诺数 $Re = \dfrac{vd}{\nu}$ 来判别流态。

一般可认为 λ 与相对粗糙度 $\dfrac{\Delta}{d}$ 及雷诺数 Re 有关,即 $\lambda = \lambda\left(\dfrac{\Delta}{d}, Re\right)$。

4. 实验步骤

(1) 熟悉仪器,测记有关常数。

(2) 启动抽水机,检查尾阀全关时,压差计液面是否齐平,若不平,则需排气调平。

(3) 将尾部阀门开至量程范围内最大,然后逐步关小阀门,使管内流量逐步减小,每改变一组流量,均待水流平稳后,测定每组的流量以及压差计液面标高 ∇_1 和 ∇_2,则实验段的水头损失(即压差)$h_\mathrm{f} = \Delta h = \nabla_1 - \nabla_2$。流量 Q 用体积法量测。用烧杯接水,同时用秒表计时间 $T_\text{秒}$。称出水的质量 $m_\text{水}$,计算水的体积 $V_\text{水} = m_\text{水}/\rho$。流量 $Q = V_\text{水}/T_\text{秒}$,相应的断面平均流速 $v = Q/A$。

（4）用温度计量测当日水温，由此可查得运动黏滞系数 ν，从而计算雷诺数 $Re=\dfrac{vd}{\nu}$。

5．注意事项

（1）在整个实验过程中，每次调节尾阀时要缓慢，均待水头稳定后再量测流量和压差计液面标高。

（2）为提高实验精度，测每组的流量数据时应测两次 Q_1 和 Q_2，记录这两次的实测数据，计算时选取这两次流量的平均值为实测流量：$Q=(Q_1+Q_2)/2$。

（3）由于水流紊动原因，压差计液面有微小波动，当流速较大时尤为显著，需待水流稳定时，读取上下波动范围的平均值。

（4）测记水温，用实验开始和结束两次水温的平均值确定运动黏滞系数 ν。

6．成果要求与分析

（1）依据测记的实验数据，绘制 $\lg 100\lambda$-$\lg Re$ 曲线。
（2）分析层流与紊流两种流态的沿程水头损失系数 λ 的变化规律。

7．思考题

（1）如将实验管道倾斜安装，压差计中的读数是不是沿程水头损失 h_f 值？
（2）随着管道使用年限的增加，λ-Re 关系曲线将有什么变化？
（3）本实验中的物理量，d，l，Q，h_f 和水温 t，其中哪些物理量的量测精度对 λ 值的误差影响最大？
（4）如生产需要，拟测定工业塑料管的 λ 值，应如何进行实验？

8．参考附录

测记以下有关常数：
（1）管径 $d=$ ＿＿＿＿ cm。　　　　　（2）断面面积 $A=$ ＿＿＿＿ cm²。
（3）水温 $T=$ ＿＿＿＿ ℃。　　　　　（4）运动黏滞系数 $\nu=$ ＿＿＿＿ cm²/s。
（5）管道计算长度 $l=$ ＿＿＿＿ cm。　　（6）$l/d=$ ＿＿＿＿。
（7）绝对粗糙度 $\Delta=$ ＿＿＿＿ mm。　　（8）相对粗糙度 $\dfrac{\Delta}{d}=$ ＿＿＿＿。

表 4.3　管道沿程水头损失实验量测记录表格

测组	测压管液面高程读数			量水质量		量水体积		量水时间		流量		
	∇_1 /cm	∇_2 /cm	Δh /cm	m_1 /g	m_2 /g	V_1 /cm³	V_2 /cm³	T_1 /s	T_2 /s	Q_1 /(cm³/s)	Q_2 /(cm³/s)	Q /(cm³/s)
1												
2												
⋮												
20												

表 4.4 管道沿程水头损失实验计算表格

测组	流量	流速	水头损失	沿程水头损失系数	雷诺数	lg100λ	lgRe
	Q /(cm^3/s)	v /(cm/s)	h_f /cm	$\lambda = \dfrac{h_f}{\dfrac{l}{d}\dfrac{v^2}{2g}}$	$Re = \dfrac{vd}{\nu}$		
1							
2							
⋮							
20							

4.4 管道局部水头损失实验

1. 实验目的

(1) 掌握测定管道局部水头损失系数 ζ 的方法。

(2) 将管道局部水头损失系数的实测值与理论值进行比较。

(3) 观察突然扩大管径漩涡区测压管水头线的变化情况,以及其他各种边界突变情况下的测压管水头线的变化情况。

2. 实验设备

实验设备由自循环供水水箱、矩形溢流水箱、管道、尾阀和尾水箱组成。矩形溢流水箱、尾水箱与自循环供水水箱之间均用 PVC 软管相连。潜水泵启动后,水流由供水水箱进入矩形水箱,超过溢流板高度后产生溢流,以保持水头恒定。矩形水箱侧壁开孔接管道,管道由突然扩大段、突然缩小段、90°圆角弯段、180°圆角弯段和 90°直角弯段构成,管道末端设置尾阀可调节管中水流流量。水流从管道出口流出后,经尾水箱重新流回供水水箱,完成自循环。管道上每个标号断面处均开测压孔,用 PVC 软管与测压管相连。实验设备示意图如图 4.3 所示。

3. 实验原理

实测管道局部水头损失时,考虑水头损失主要为局部水头损失 $h_{j实测}$,选取管道局部变化前渐变流断面 1—1 与变化后渐变流断面 2—2 列能量方程,可得

$$z_1 + \frac{p_1}{\rho g} + \frac{\alpha v_1^2}{2g} = z_2 + \frac{p_2}{\rho g} + \frac{\alpha v_2^2}{2g} + h_{j实测}$$

则 $h_{j实测}$ 为断面 1—1 和断面 2—2 的测压管水头差与流速水头差之和:

$$h_{j实测} = \left[\left(z_1 + \frac{p_1}{\rho g}\right) - \left(z_2 + \frac{p_2}{\rho g}\right)\right] + \left(\frac{\alpha v_1^2}{2g} - \frac{\alpha v_2^2}{2g}\right)$$

流动断面的测压管水头由测压管液面标高读出,管中断面平均流速 $v_1 = Q/A_1$,$v_2 = Q/A_2$。

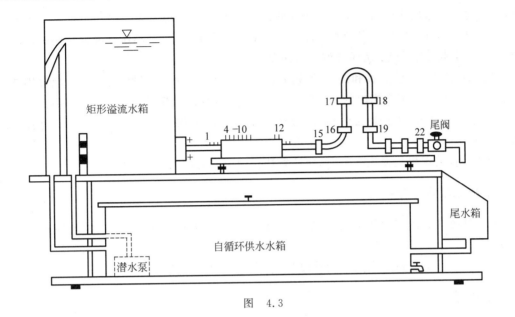

图　4.3

由此可得局部水头损失系数 ζ 的实测值：

$$\zeta_{\text{实测}} = \frac{h_{\text{j实测}}}{\dfrac{v^2}{2g}}$$

式中的 $\dfrac{v^2}{2g}$ 究竟应选取管道局部变化前 1—1 断面的流速水头还是管道局部变化后 2—2 断面的流速水头，取决于与理论值相比较时 $\zeta_{\text{理论}}$ 的计算公式。应选择与 $\zeta_{\text{理论}}$ 计算公式中相一致的流速水头。

4. 实验步骤

（1）熟悉仪器，测记有关常数。

（2）检查各测压管的塑料软管接头是否接紧。

（3）启动抽水机，打开进水阀门，使水箱充水，并保持溢流，使水位恒定。

（4）检查尾阀全关时，测压管的液面是否齐平，若不平，则需排气调平。

（5）将尾部阀门开至量程范围内最大，然后逐步关小阀门，使管内流量逐步减小，每改变一组流量，均待水流平稳后，测定每组的流量和测压管液面标高。流量 Q 用体积法量测。用烧杯接水，同时用秒表计时间 $T_{\text{秒}}$。称出水的质量 $m_{\text{水}}$，计算水的体积 $V_{\text{水}} = m_{\text{水}}/\rho$。流量 $Q = V_{\text{水}}/T_{\text{秒}}$，相应的断面平均流速 $v = Q/A$。

（6）用尾阀调节流量，共做 3 组。

5. 注意事项

（1）在整个实验过程中，每次调节尾阀时要缓慢，均待水头稳定后再量测流量和测压管液面标高。

（2）为提高实验精度，测每组的流量数据时应测两次 Q_1 和 Q_2，记录这两次的实测数据,计算时选取这两次流量的平均值为实测流量: $Q=(Q_1+Q_2)/2$。

(3) 调节尾阀时,管中流量不宜过小。如果管中流量过小,则测压管液面之间标高的差值会太小,引起读数误差,从而导致实验误差。

(4) 仔细观察实验装置和测压管液面高度,对应管道 5 种局部阻力的情况,应分别选择合理的计算断面,并记录相应的测压管标号,依据能量方程计算局部水头损失系数。选择计算断面时,所选断面应是渐变流断面,应选在漩涡区的末端,即主流恢复并充满全管的断面上。

(5) 计算局部水头损失系数时,应注意选择相应的流速水头。

6. 成果要求与分析

(1) 依据测记的实验数据,计算管道局部水头损失系数 ζ 的实测值,并与理论值进行比较。

(2) 绘制最大流量下突然扩大管段测压管水头线的变化情况。

7. 思考题

(1) 试分析实测 h_j 与理论计算 h_j 有什么不同?原因何在?

(2) 在相同管径变化条件下,相应于同一流量,其突然扩大的 ζ 值是否一定大于突然缩小的 ζ 值?

(3) 不同的雷诺数 Re 时,局部水头损失系数 ζ 值是否相同?通常 ζ 值是否为一常数?

8. 参考附录

测记以下有关常数:

(1) 大管管径 $d=$ _____ cm。　　(2) 大管断面面积 $A=$ _____ cm^2。

(3) 小管管径 $d=$ _____ cm。　　(4) 小管断面面积 $A=$ _____ cm^2。

表 4.5　管道局部水头损失实验量测记录表格

测组	测压管液面高程读数															
	∇_1 /cm	∇_2 /cm	∇_3 /cm	∇_4 /cm	∇_5 /cm	∇_6 /cm	∇_7 /cm	∇_8 /cm	∇_9 /cm	∇_{10} /cm	∇_{11} /cm	∇_{12} /cm	∇_{13} /cm	∇_{14} /cm	∇_{15} /cm	∇_{16} /cm
1																
2																
3																

测组	测压管液面高程读数						量水质量		量水体积		量水时间		流量		
	∇_{17} /cm	∇_{18} /cm	∇_{19} /cm	∇_{20} /cm	∇_{21} /cm	∇_{22} /cm	m_1 /g	m_2 /g	V_1 /cm^3	V_2 /cm^3	T_1 /s	T_2 /s	Q_1 /(cm^3/s)	Q_2 /(cm^3/s)	Q /(cm^3/s)
1															
2															
3															

第5章 Chapter

有压管道实验

5.1 理论要点

5.1.1 短管的水力计算

局部水头损失和流速水头与沿程水头损失相比不能忽略,必须同时考虑的管道,称为短管。堤坝中的泄洪管与放水管、虹吸管、倒虹吸管及本章实验中的文丘里管等常属于短管。

根据短管出流的形式不同,短管的水力计算可分为自由出流和淹没出流两种。

1. 自由出流

$$Q = \mu_c A \sqrt{2gH_0} \tag{5.1}$$

式中

$$\mu_c = \frac{1}{\sqrt{\alpha + \sum \lambda \frac{l}{d} + \sum \zeta}} \tag{5.2}$$

其中,μ_c 为管道的流量系数;$H_0 = H + \dfrac{\alpha_0 v_0^2}{2g}$ 为总水头;$\dfrac{\alpha_0 v_0^2}{2g}$ 为行近流速水头,当 $v_0 \leqslant$ 0.5m/s,或者由于水池较大、水箱进水时可以忽略 $\dfrac{\alpha_0 v_0^2}{2g}$,即令 $H_0 = H$。

2. 淹没出流

相对于管道断面面积来说,上下游水池过水断面面积一般都很大,$\dfrac{\alpha_{01} v_{01}^2}{2g} \approx \dfrac{\alpha_{02} v_{02}^2}{2g}$,于是

$$Q = \mu_c A \sqrt{2gH} \tag{5.3}$$

式中

$$\mu_c = \frac{1}{\sqrt{\sum \lambda \dfrac{l}{d} + \sum \zeta}} \tag{5.4}$$

其中,μ_c 为管道的流量系数。实际上自由出流与淹没出流的流量系数值近似相等。H 为上下游水面高差。

5.1.2　有压管路中的水击

1. 水击现象

在有压管路中,由于某种外界原因(如阀门突然关闭、水泵机组突然停机等),流速发生突然变化,从而引起压强急剧升高和降低的交替变化,这种水力现象称为水击或称水锤。水击引起压强升高。

在有压管路的水击现象中,由于流速和压强的急剧变化,不仅应当计及水的压缩性,还要考虑管壁的弹性。

2. 水击波的传播速度

如果管长为 l,t 为水击波通过该长度的时间,则其传播速度 $c = \dfrac{l}{t}$。本章水击波传播演示实验中使用橡胶管为实验管段时,则水击增压波使橡胶管膨胀而接通指示灯,量测管段两端灯亮的时间差 t,即可算出波速 c。

3. 水击波的传播过程

假设水流为无黏性的理想液体,且阀门是瞬时完全关闭的,压力管道中的水头损失及流速水头远远小于水击压强水头的变化,在分析水击问题时可忽略不计。水击波的传播过程一般分为 4 个阶段,如图 5.1(a)、(b)、(c)、(d)所示。图中管道末端 A 处为阀门,上游 B 端为一水库。

第一阶段,$0 < t < \dfrac{l}{c}$,当阀门突然关闭时,紧靠阀门的一层液体立即停止流动,其流速由 v_0 突然变为零。同时液体的动能全部都转换为压能,压强由原来的 p_0 变为 $p_0 + \Delta p$,水体受到压缩,密度增加,管壁膨胀。此后紧接相邻一段水体相继停止流动,出现了同样的情况,并且逐段以波速 c 向上游传播,这个波使压强增加而传播方向与恒定流方向相反,称为增压逆波。在 $t = \dfrac{l}{c}$ 瞬时,全管流动停止,压强和密度增加,管壁膨胀。如图 5.1(a)所示。

第二阶段,$\dfrac{l}{c} < t < \dfrac{2l}{c}$,在 $t = \dfrac{l}{c}$ 瞬时,管内水体全部停止流动,但管内压强比管道进口外侧水池的静水压强增高 Δp。在这一压强差的作用下,管中水体立刻以 v_0 的流速向水池倒流。这时水击波以减压顺波的形式,使管中的高压状态自进口处开始以波速 c 向阀门方向迅速解除。这一减压顺波所到之处,管内流速为 v_0,压强恢复至 p_0,被压缩的水体和膨胀的管壁均恢复到水击发生前的状态。当 $t = \dfrac{2l}{c}$ 时,全管道中水体的压强和管壁均恢复到

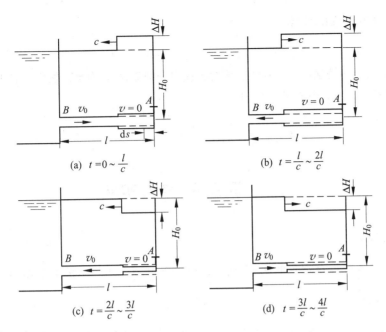

图　5.1

水击发生前的正常状态。如图 5.1(b)所示。

第三阶段，$\dfrac{2l}{c} < t < \dfrac{3l}{c}$，当阀门处压强恢复到正常值后，由于惯性作用，管中水体仍以 v_0 的流速向水池倒流。但因阀门紧闭，没有水源补充，致使紧靠阀门处的微小流段立刻被迫停止流动，同时压强降低(即产生负的水击压强)，水体膨胀，管壁收缩。这时，水击波又从阀门处反射回来，并以减压逆波的形式，自阀门开始以波速 c 向管道进口方向迅速发展。这一减压逆波所到之处，管内流速为零，压强降至 $p_0 - \Delta p$，水体膨胀，管壁收缩。当 $t = \dfrac{3l}{c}$ 时，减压逆波传到上游水池。这时全管道中的水体均处于静止和膨胀状态。如图 5.1(c)所示。

第四阶段，$\dfrac{3l}{c} < t < \dfrac{4l}{c}$，在 $t = \dfrac{3l}{c}$ 的瞬时，水体全部停止流动，但管内压强比管道进口处水池的静水压强低，在这一压强差的作用下，池中水体又立刻以流速 v_0 向管内流动。这时，水击波又将从水池立刻反射回来，并以增压顺波的形式，使管中的低压状态自管道进口开始以波速 c 向阀门方向迅速解除。这一增压顺波所到之处，管内流速为 v_0，压强恢复至 p_0，膨胀的水体和收缩的管壁均恢复到水击发生前的状态。当 $t = \dfrac{4l}{c}$ 时，全管道的水体和管壁均恢复到水击发生前的正常状态。如图 5.1(d)所示。

4. 直接水击与间接水击

直接水击：阀门关闭时间 T_s 小于水击波的一个相长，即 $T_s < \dfrac{2l}{c}$。

间接水击：关阀时间 $T_s > \dfrac{2l}{c}$。

5. 直接水击压强的计算

$$\Delta p = \rho c (v_0 - v) \tag{5.5}$$

式中，c 为水击波的传播速度，v_0 为水击发生前管中平均流速，v 为水击发生后管中平均流速。

当阀门突然完全关闭时，水击压强

$$\Delta p = \rho c v_0 \tag{5.6}$$

式中，v_0 为水击发生前管中平均流速。

5.2 调压井演示实验

1. 实验目的

通过调压井水位振荡现象的演示，加深理解调压井对水击压强的调节作用。

2. 实验设备

实验设备如图 5.2 所示，由进水管、压力钢管、测压管、调压井、球形阀门组成。

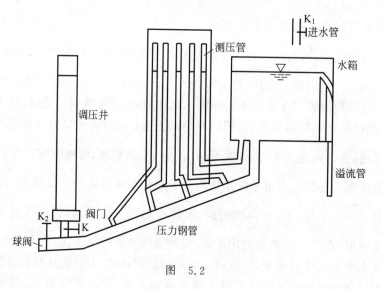

图 5.2

3. 实验原理

水击现象是指在有压输水管道中，由于阀门突然关闭或开启，流量（流速）发生急剧改变，而引起压强大幅度波动的现象。由于水击压强有时会达到很大的数值，同时又具有较高的频率，对压力引水系统危害很大，甚至会使压力水管爆裂，导致水电站破坏，所以往往在较长的压力引水管道中在靠近阀门的地方设置调压井，用以削减水击压强并缩小其影响范围，减小水击压强值。

打开实验装置进水管的阀门 K_1，当水箱溢流后，开启压力钢管尾部球形阀门 K_2，使管道处于正常泄水状态，可观察到压力钢管中测压管水头是沿程下降的。先将调压井与管道的连通阀门 K 关闭,调压井处于不工作状态。这时将管端球阀 K_2 迅速关闭,产生水击现象,可观察到测压管水位很快冲高并喷出,表明压力钢管管壁瞬间受到很大水击压强。然后将调压井与管道的连通阀门 K 开启,调压井处于工作状态。再使管道处于正常泄水状态后,将管端球阀 K_2 迅速关闭,产生水击现象,观察到调压井中的水位很快涌高,而压力钢管中测压管液面则缓慢上升,且上下波动幅度变小。表明压力钢管管壁瞬间受到的水击压强明显减弱了。

设置调压井以后,在管道水流的流量急剧改变时,仍然会有水击发生,但调压井的设置在很大程度上限制了水击向上游的传播,且使上游压力钢管内水击压强峰值大为降低,这就是利用调压井削减水击危害的原理。

4. 实验步骤

(1) 打开进水阀阀门 K_1 向水箱充水至溢流。

(2) 打开压力钢管尾部球形阀门 K_2 放水,利用测压管及调压井观察恒定流条件下管道中的压强分布。

(3) 快速关闭阀门 K_2,通过测压管和调压井内的水面波动现象观察分析水击压强的产生传播直至最终消失的全过程(可反复演示多次)。

5. 注意事项

(1) 要按规定步骤使用仪器设备。
(2) 关闭和开启阀门动作要迅速。

6. 思考题

(1) 试述调压井的作用。
(2) 试述消除与减小水击压强的措施。
(3) 试分析测压管液面的变化情况。

5.3　水击现象演示实验

1. 实验目的

观察阀门突然启闭时,管中水击现象的发生、传播与消失过程,增强对水击现象的感性认识。

2. 实验设备

实验设备如图 5.3 所示,由进水管、溢流水箱、橡胶软管、球形阀门、电源、灯泡、导线组成。

3. 实验原理

供水箱有溢流装置,可保证实验水流为恒定流。采用容易胀缩变形的橡胶软管作为实

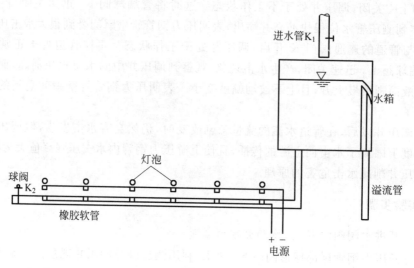

图　5.3

验管段,可易于观察水击波的传播过程。在实验管段的上、下游端部以及管段上均匀安装接触式指示灯泡,以显示水击波传播往复情况。在橡胶管下游安装快速球阀 K_2。

在管段正常泄流后,将管端快速阀门 K_2 迅速关闭,产生水击现象,水击波传播使橡胶软管呈现膨胀凸起变化,凸起处将电源与灯泡接通,则指示灯发亮,管道中指示灯的亮灭表明水击波的产生与传播过程。

4. 实验步骤

(1) 打开进水阀 K_1,向水箱充水至溢流。

(2) 接通电源。打开球形阀门 K_2 放水(约 1min)再快速关闭,从灯泡的相继发光可观察水击波的产生与传播过程。

5. 注意事项

关闭和开启阀门要迅速。

6. 思考题

(1) 试叙述水击传播的 4 个过程。

(2) 什么是直接水击和间接水击?

(3) 直接水击和间接水击哪一个动水压强更大?

5.4　水锤扬水机演示实验

1. 实验目的

了解水锤扬水机的工作原理。

2. 实验设备

图 5.4 为水锤扬水机。

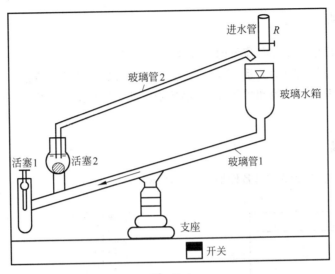

图　5.4

3. 实验原理

实验装置开机后,水流从活塞 1 处的出口流出,玻璃水箱内水面对活塞 1 的作用水头冲击活塞 1 上部的平台,带动活塞 1 作向上运动,当活塞 1 上的圆球上方堵住出口后(相当于突然关闭阀门),水流停止运动,活塞 1 处水压力急剧上升,产生水击现象。当增加的水击压强沿玻璃管 1 向上游传播至活塞 2 时,由于水击压力冲开活塞 2 使部分水流被压入封闭容器,造成容器内液面表面压强增大,增加的压强致使容器内的水通过玻璃管 2 流向玻璃水箱(从低处向高处输水)。由于水从活塞 2 处释放,致使活塞 2 底部压力迅速下降,玻璃管 1 内压强也降低,活塞 2 随之跌落。当没有水流冲击活塞 1 平台后,活塞 1 在自重作用下向下运动,圆球上部与出口分离,水流又从出口流出,冲击平台,带动活塞 1 向上运动再次堵住出口,又相当于阀门重新关闭,在玻璃管 1 中产生水击现象。在水流的作用下,上述动作周而复始地自动运行,就使得低处的水被源源不断地向高处输送。

4. 实验步骤

插上仪器电源插头,打开微型水泵电源开关,即可观察上述利用水击原理将水以低处导向高处的现象。

5. 注意事项

要按规定要求使用仪器。

6. 思考题

(1) 试述水锤扬水机的工作原理。

(2) 水锤扬水机是否就是一台永动机,试分析其能量转化过程。

5.5 文丘里流量计实验

1. 实验目的

（1）掌握文丘里流量计测流量的原理及其简单构造。

（2）绘出压差与流量的关系，掌握文丘里管流量系数 μ 的测定方法。

（3）在文丘里管收缩段和扩张段，观察压强水头、流速水头沿程的变化规律，加深对伯努利方程的理解。

2. 实验设备

本实验的设备与各部分的名称如图 5.5 所示。

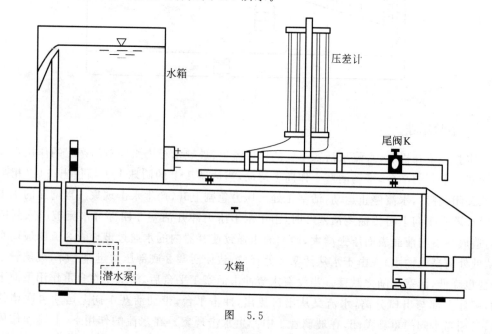

图 5.5

其中，文丘里流量计的结构如图 5.6 所示。1—1 断面直径为 d_1；2—2 断面直径为 d_2。

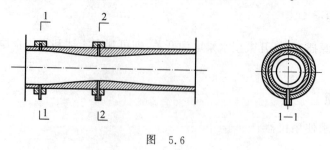

图 5.6

3. 实验原理

文丘里流量计是在管道中常用的流量计，它包括收缩段、喉管、扩散段 3 部分，当流体通过文丘里流量计时,由于圆管道段和喉道段的断面面积不同而产生压差,通过的流量不同,其压差的大小也不同,所以可根据压差的大小来测定流量。

1) 理想流量

在文丘里流量计上取断面 1—1,断面 2—2 列能量方程,令 $\alpha_1 = \alpha_2 = 1$,若不计水头损失,可得

$$z_1 + \frac{p_1}{\rho g} + \frac{\alpha_1 v_1^2}{2g} = z_2 + \frac{p_2}{\rho g} + \frac{\alpha_2 v_2^2}{2g}$$

由连续性方程: $v_1 A_1 = v_2 A_2 = Q_{理}$ 得

$$v_2 = v_1 \frac{A_1}{A_2} = v_1 \left(\frac{d_1}{d_2} \right)^2$$

代入能量方程,可得流量计算公式如下:

$$Q_{理} = \frac{\frac{\pi}{4} d_1^2}{\sqrt{\left(\frac{d_1}{d_2} \right)^4 - 1}} \times \sqrt{2g \left[\left(z_1 + \frac{p_1}{\rho g} \right) - \left(z_2 + \frac{p_2}{\rho g} \right) \right]}$$

式中 $\left(z_1 + \frac{p_1}{\rho g} \right) - \left(z_2 + \frac{p_2}{\rho g} \right)$ 为两断面测压管水头差 Δh。

令

$$K = \frac{\frac{\pi}{4} d_1^2}{\sqrt{\left(\frac{d_1}{d_2} \right)^4 - 1}} \sqrt{2g}$$

并定义为文丘里流量计常数。于是

$$Q_{理} = K \sqrt{\Delta h}$$

可以看出,在已知文丘里流量计两断面的内径时,只要测得测压管水头差,即可计算得到理想流量 $Q_{理}$。

2) 实际流量

实际流量 $Q_{实}$ 用体积法来测定: $Q_{实} = \frac{V}{t}$,V 为 t 时间内通过文丘里流量计的水的体积。

3) 流量系数

但在实际液体流动过程中,由于水头损失的存在,实际通过的流量 $Q_{实}$ 略小于理想流量 $Q_{理}$。现引入一无量纲数 $\mu = \frac{Q_{实}}{Q_{理}}$($\mu$ 为流量系数)。μ 是一小于 1 的数,用它来对理想流量进行修正,则实际流量的计算公式为

$$Q_{实} = \mu Q_{理} = \mu K \sqrt{\Delta h}$$

本实验即通过量测实际流量 $Q_{实}$ 和理想流量 $Q_{理}$ 确定 μ 系数的具体数值。

4. 实验步骤

(1) 熟悉实验设备和原理,记录仪器有关常数并算出 K 值。

(2) 启动抽水机,打开进水开关,使水进入水箱,并使水箱水面保持溢流,使水位恒定。

(3) 关闭实验尾阀 K,检查测压管读数是否相等,不相等时,分析原因,并予以排气调

平,可按如下操作排气,开关尾阀 K 数次,在开关交替时停顿操作片刻,滞留于水体中的空气可通过实验管道排除,直至两测压管中的液面齐平为止。

(4)打开实验尾阀 K,调至最大流量(注意各测压管高度在可读数范围内),待水流稳定后读取各测压管的液面读数,如测压管内液面波动时,应取时均值,同时用秒表、量筒测定流量 Q。

(5)逐次关小实验调节尾阀 K,改变流量 8~12 次(逐次减小),重复步骤(4),注意调节阀门应缓慢。

(6)将量测数据记录在实验表格内,进行有关计算。

(7)实验结束前,需按步骤(3)检查调节尾阀 K 关闭时文丘里管两断面测压管读数是否相等,不相等时,分析原因,排除后重新实验。

(8)实验结束后,关闭水泵电源,整理好仪器。

5. 注意事项

(1)测压管读数在实验开始和结束时应相等。

(2)文丘里管喉管处容易产生真空,为避免由于真空管中吸入大量空气,因此调节阀门应缓慢,使测压管的液面在滑尺的读数范围内,每次调节后应待水流稳定后再进行量测。

(3)流量系数 μ 应为一小于 1 并接近于 1 的数,若误差较大,则需分析其原因。

6. 成果分析

用方格纸绘制 Q-Δh 与 Re-μ 曲线图。分别取 Δh、μ 为纵坐标。

7. 思考题

(1)文丘里流量计在安装时是否必须保持水平? 如不水平,上述计算公式是否仍可应用?

(2)本实验中,影响文丘里管流量系数大小的因素有哪些? 哪个因素最敏感?

(3)为什么理想流量与实际流量不相等?

(4)流量系数 μ 与 Re 有关系吗?

8. 参考附录

(1)记录有关信息及实验常数。$d_1 = $ _____ cm,$d_2 = $ _____ cm,水温 $T = $ _____ ℃,运动黏滞系数 $\nu = $ _____ cm^2/s。

(2)量测记录表格

表 5.1

次序	测压管读数/cm		体积/cm^3		量测时间/s		$Q_实$/(cm^3/s)		
	h_1	h_2	V_1	V_2	t_1	t_2	Q_1	Q_2	Q
1									
2									
⋮									
10									

（3）计算表格 $K=$ _____ $cm^{2.5}/s$

表　5.2

次序	$Q_{实}$ /(cm^3/s)	$\Delta h=h_1-h_2$ /cm	$Q_{理}=K\sqrt{\Delta h}$ /(cm^3/s)	$\mu=\dfrac{Q_{实}}{Q_{理}}$	$Re=\dfrac{v_1 d_1}{\nu}$
1					
2					
⋮					
10					

第6章 Chapter

明渠水流实验

6.1 理 论 要 点

6.1.1 明渠的几何要素

1. 明渠的底坡

底坡是指明渠渠底高差与相应渠道长度的比值。以符号 i 表示底坡,如图 6.1 所示。即

$$i = \sin\theta = -\frac{\mathrm{d}z_0}{\mathrm{d}s} \tag{6.1}$$

$i > 0$ 表示明渠渠底高程沿程降低,称为正坡明渠;当渠底高程沿程不变,$i = 0$,称为平坡明渠;当渠底高程沿程增加,$i < 0$,称为负坡明渠,如图 6.2 所示。

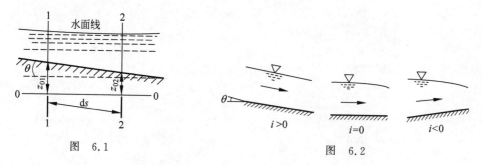

图 6.1　　　　　　　　　　图 6.2

2. 明渠过水断面的几何要素

明渠过水断面的几何要素主要包括过水断面的水深 h、过水面积 A、湿周 χ 和水力半径 R 等。以常见的梯形断面为例,其几何要素如下。

水深 h:过水断面上渠底最低点到水面的距离。

底宽 b:梯形断面的渠底宽度。

边坡系数 m:

$$m = \cot\alpha \tag{6.2}$$

过水面积 A：

$$A = (b + mh)h \tag{6.3}$$

湿周 χ：

$$\chi = b + 2h\sqrt{1 + m^2} \tag{6.4}$$

水力半径 R：

$$R = A/\chi = (b + mh)h/(b + 2h\sqrt{1 + m^2}) \tag{6.5}$$

6.1.2　明渠均匀流

1. 明渠均匀流的特点

(1) 过水断面的流速分布、断面平均流速、流量、水深以及过水断面的形状尺寸沿程不变；

(2) 水力坡度、水面坡度、底坡三者相等；

(3) 作用在水流上的重力在水流方向上的分量与水流所受的阻力相等，即

$$G\sin\theta = T \tag{6.6}$$

2. 明渠均匀流产生的条件

(1) 水流为恒定流，流量沿程不变，并且无支流的汇入或分出；

(2) 明渠为长直的棱柱形渠道，糙率沿程不变，并且渠道中无水工建筑物的局部干扰；

(3) 底坡为正坡。

3. 正常水深的计算

明渠中发生均匀流时的水深称为正常水深，以 h_0 表示。明渠均匀流水力计算的基本公式是谢才公式：

$$Q = CA\sqrt{Ri} \tag{6.7}$$

式中，C 为谢才系数，A 为过水断面面积，R 为水力半径，i 为底坡。

利用上式可确定正常水深 h_0。

6.1.3　缓流、临界流和急流

1. 缓流、临界流和急流的特点

明渠水流的流态有缓流、临界流和急流。缓流多见于底坡较缓的渠道或者平原河道中，是指水深较大、流速较小的流动；急流的水深较小，流速较大，多见于底坡较陡的渠道或者山区的河道中；缓流和急流的分界是临界流。

2. 缓流、临界流和急流的判别方法

1) 弗劳德(Froude)数判别法

由临界流定义有

$$\frac{v}{\sqrt{gh}} = 1 \text{（矩形断面）} \tag{6.8}$$

$$\frac{v}{\sqrt{g\bar{h}}} = 1 \text{（非矩形断面）} \tag{6.9}$$

式中，$v/\sqrt{gh}$ 为无量纲数，称为弗劳德（Froude）数，用符号 Fr 表示。弗劳德数的力学意义是指水流惯性力和重力之比。

可用弗劳德数来判别明渠水流的流态。

$Fr<1$，水流为缓流；

$Fr=1$，水流为临界流；

$Fr>1$，水流为急流。

2）临界水深判别法

临界水深是指断面单位能量 E_s 为最小值 E_{smin} 时对应的水深，以 h_c 表示，其计算公式为

$$\frac{\alpha Q^2}{g} = \frac{A_c^3}{B_c} \text{（非矩形断面）} \tag{6.10}$$

$$h_c = \sqrt[3]{\frac{\alpha Q^2}{gb^2}} = \sqrt[3]{\frac{\alpha q^2}{g}} \text{（矩形断面）} \tag{6.11}$$

式中，A_c 及 B_c 为相应临界水深 h_c 的过水面积和水面宽度。

$h>h_c$ 时，为缓流；

$h=h_c$ 时，为临界流；

$h<h_c$ 时，为急流。

6.1.4 缓流和急流的转换

1. 水跌

处于缓流状态的明渠水流，因渠底突然变为陡坡或下游渠道断面形状突然扩大，引起水面降落称为水跌。水流以临界流动状态通过这个突变的断面，转变为急流。这种从缓流向急流过渡的局部水力现象称为水跌。

2. 水跃

（1）水跃的产生条件。

在较短渠段内水深从小于临界水深急剧地跃升到大于临界水深的局部水力现象称为水跃。水跃的产生条件是水流由急流向缓流过渡，它常发生于闸门、溢流堰、陡槽等泄水建筑物的下游。

（2）平底矩形断面明渠中水跃的跃前或跃后水深计算公式。

$$h_2 = \frac{h_1}{2}(\sqrt{1+8Fr_1^2} - 1) \tag{6.12}$$

$$h_1 = \frac{h_2}{2}(\sqrt{1 + 8Fr_2^2} - 1) \tag{6.13}$$

（3）棱柱体平坡明渠中水跃长度。

由于水跃中水流运动极为复杂，迄今还不能由理论分析的方法分析出比较完善的水跃长度的计算公式。在工程设计中，一般多采用经验公式来确定水跃长度。

① 矩形明渠的水跃长度公式

a. 吴持恭公式

$$l_j = 10(h_2 - h_1)Fr_1^{-0.32} \tag{6.14}$$

b. 欧勒弗托斯基公式

$$l_j = 6.9(h_2 - h_1) \tag{6.15}$$

c. 陈椿庭公式

$$l_j = 9.4(Fr_1 - 1)h_1 \tag{6.16}$$

以上各式中 Fr_1 为跃前断面的弗劳德数。

② 棱柱体平坡明渠中水跃的能量损失。

单位重量水体通过水跃消除的能量为

$$\Delta E_j = \left(h_1 + \frac{\alpha_1 v_1^2}{2g}\right) - \left(h_2 + \frac{\alpha_2 v_2^2}{2g}\right) \tag{6.17}$$

水跃的消能系数为

$$K_j = \frac{\Delta E_j}{h_1 + \frac{\alpha_1 v_1^2}{2g}} \tag{6.18}$$

6.1.5　棱柱体明渠水面曲线微分方程

棱柱体明渠恒定渐变流微分方程建立了水深 h 对距离 s 的水面曲线微分方程，形式为

$$\frac{dh}{ds} = \frac{i - \frac{Q^2}{K^2}}{1 - Fr^2} \tag{6.19}$$

它反映水深沿程变化规律，可用来分析水面曲线的形状。

6.1.6　棱柱体明渠水面曲线形状分析

1. 棱柱体明渠水面曲线的分区和命名

根据 5 种底坡上的正常水深 $N—N$ 线和临界水深 $C—C$ 线共划分有 12 个区。规定水面曲线在 $N—N$ 线和 $C—C$ 线之上的区域称为 1 区，在二者之间的区域称为 2 区，在二者之下的区域称为 3 区。分别将在不同底坡上发生的水面曲线型号标以下角标 1，2，3 表示，如图 6.3 所示。

区域划分后，各区域内水面曲线的形式用棱柱体水面曲线微分方程分析，如图 6.4 所示。

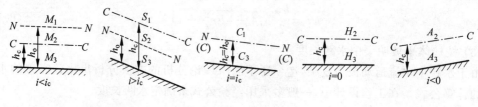

图　6.3

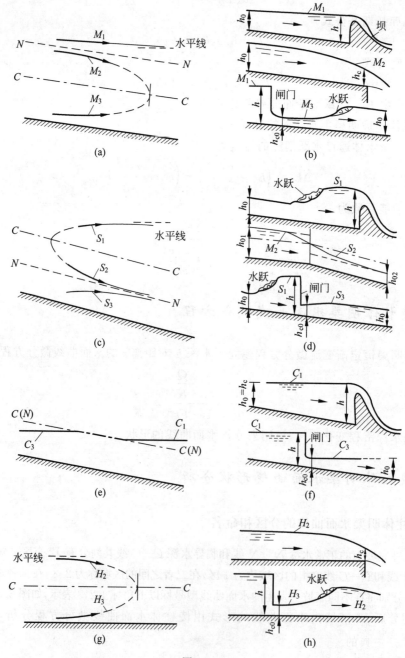

图　6.4

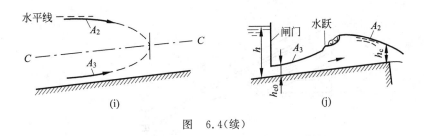

图　6.4(续)

2. 12 条水面曲线的共同规律

（1）发生在 1、3 区的均为壅水曲线，2 区的均为降水曲线；

（2）当水深接近正常水深时，水面线以 $N—N$ 线为渐近线；

（3）当水深接近临界水深时，水面线在理论上垂直临界水深线 $C—C$ 线，但此时的水流已不符合渐变流条件，而是属于急变流。

6.2　毕托管测流速实验

1. 实验目的

（1）了解毕托管的构造和测速的基本原理。

（2）掌握毕托管量测点流速的方法。

（3）测定水槽过水断面上中垂线的流速分布。

2. 实验设备

实验在一座宽为 30cm、高为 60cm、底坡为零的玻璃水槽中进行。水槽如图 6.5 所示。

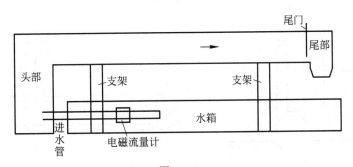

图　6.5

用橡皮管连接毕托管与压差计，以便量测压差。将毕托管固定在测针下端，测针可以上下移动，以便量测过水断面上不同水深点的流速。实验设备如图 6.6 所示。

3. 实验原理

毕托管是古典的测速仪器，它的测速原理如图 6.7(a)所示，开口端①点处的液体具有

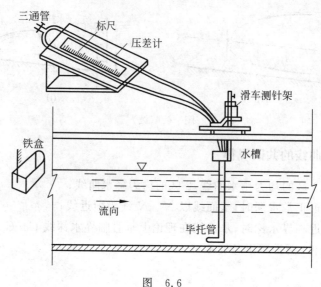

图　6.6

动能,速度为 u,当液体流入细管中后即不再流动,所以管中②点处的流速 $u_2=0$,即全部动能转换成势能,会出现弯管中液面比测压管中液面高 Δh。对于①点处质量为 dm,重量为 dmg 的微小水体,其具有的动能是 $\frac{1}{2}dmu^2$。当水体进入弯管到达②点处,流速变为 0,该微小水体的动能 $\frac{1}{2}dmu^2$ 全部转化为势能 $dmg\,\Delta h$,即

$$\frac{1}{2}dmu^2 = dmg\,\Delta h$$

所以有

$$\Delta h = u^2/2g$$

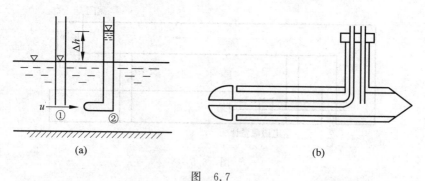

图　6.7

可见弯管与测压管的液面高差 Δh 即表示水流中①点处的单位动能。若将关系式 $\Delta h = u^2/2g$ 改写为 $u=\sqrt{2g\,\Delta h}$,则只要量测出毕托管中的测压管液面高差 Δh,即可按上式计算出①点处流速 u 值。

毕托管构造如图 6.7(b)所示。毕托管是一根很细的弯管,在其前端开一小孔与测压管相连,称动压管;顺流侧面开另一小孔(或环形窄缝)与另一测压管相连,称为静压管,把两

管连接到压差计上即可测出该点压差(动压管与静压管的差值)。当需要量测某点流速时,只要测出该点压差,即可求出流速。

4. 实验步骤

(1) 熟悉设备、仪器,记录有关常数。

(2) 将毕托管放在水槽中盛有水的铁盒内。

(3) 排气:把通自来水的橡皮管与压差计的三通管相连,打开自来水开关,使水和空气经橡皮管、压差计至毕托管的管口喷出,直到无气泡出现为止。再把橡皮管与三通管脱开。在大气压力作用下,压差计的水面下降,待下降到便于读数的位置,用夹子夹住压差计三通管端,观察压差计中两玻璃管液面是否平齐,如果不平齐,则应重新充水排气。

(4) 打开水槽进水阀门,放水入水槽内,调节尾门开度,控制水槽中水深为 20cm 左右,待水深不变化时,将毕托管从盛水铁盒中取出,注意不要让毕托管探头暴露于空气中。

(5) 将毕托管移到拟测过水断面上,使管头小孔正对流向,就可开始施测。

(6) 从槽底开始施测,依次上提,第一个点将毕托管置于水槽底,然后每提升 3~4mm 量测一个点,离开渠底面 4~5cm 后,每提升 2cm 左右施测一个点流速,共测 15 个点左右,同时,记录每次的测针读数和压差计标尺读数。

(7) 量测过水断面的水深,记录电磁流量计读数,以便计算断面平均流速。

(8) 实验完毕后,将毕托管重新放入水槽中盛有水的铁盒内,将实验仪器恢复原状。

5. 注意事项

(1) 实验前,观察压差计中两玻璃管液面是否平齐,如果不平齐,则应充水排气。

(2) 施测时,毕托管头部切勿露出水面,以免空气进入。

(3) 实验过程中,毕托管必须正对流向。

(4) 第一个施测点将毕托管放置在水槽底开始施测,因为毕托管探头的直径为 0.8cm,所以第一个施测点与水槽底的距离为 0.4cm。

(5) 毕托管每换一测点时,须等到压差计水面稳定后再读数。如压差计水面波动时,应读取时均值。

(6) 实验结束后,将毕托管重新放入水槽中盛有水的铁盒内,以免下次使用时重新排气。

6. 成果要求与分析

(1) 绘制中垂线的流速分布图(流速与水深的关系曲线),并计算中垂线的平均流速。

(2) 测出过水断面的平均流速。

7. 思考题

(1) 使用毕托管测速之前,为什么要先排气?为什么量测过程中,毕托管头部不能露出水面?

(2) 毕托管测速时,为什么探头必须正对水流方向?

(3) 用毕托管测出的速度是瞬时流速、时均流速、脉动流速中的哪一种?为什么?

8. 参考附录

有关常数

(1) 施测断面水深 $h =$ _____ cm。　　　　(2) 渠宽 $B =$ _____ cm。

(3) 实测流量 $Q =$ _____ m³/h。　　　　　(4) 压差计倾角 $\theta =$ _____。

(5) 压差计倾斜度 $\sin\theta =$ _____。　　　　(6) 渠底测针读数 $\nabla_\text{底} =$ _____ cm。

表 6.1　量测记录及计算表

| 项目 | 测点垂直位置 | | 毕托管压差计读数 | | | 垂直读数 | 流速 | 断面平均流速 /(cm/s) |
	测针读数 /cm	与渠底距离* /cm	∇_1 /cm	∇_2 /cm	$\Delta h'$ /cm	$\Delta h = \Delta h' \sin\theta$ /cm	$u = \sqrt{2g\Delta h}$ /(cm/s)	
1								
2								
⋮								
15								

* 与渠底距离＝测针读数−渠底测针读数＋4mm。

6.3　光电流速仪测流速实验

1. 实验目的

(1) 了解光电流速仪测速的基本原理和构造。

(2) 掌握用光电流速仪测点流速的方法。

2. 实验设备

实验设备及各部分名称如图 6.8 所示。

3. 实验原理

光电流速仪有一可旋转的叶片,受水流冲击后的叶片转数与水流速度有一固定关系,光电流速仪正是利用叶片转速与水流速度关系而设计的测速仪器。当接通电源后,小灯珠所发光亮通过导光玻璃丝传到光电三极管上,如图 6.9 所示。旋转轮在水流作用下,叶片上的反光片不断地反射光线,相应地就会使三极管不断产生电脉冲信号,其频率是随水流的增加而增加的。适当调制后,频率变化可以变成电压的大小,经标定后,即可根据电压大小来决定相应的流速,或经放大整流后输入时控电路,通过计算机的处理,显示出流速。将叶轮置于水流中不同位置,就可测出各位置点的时均流速。

计算公式为

$$v = K \frac{N}{T} + C \quad (\text{cm/s})$$

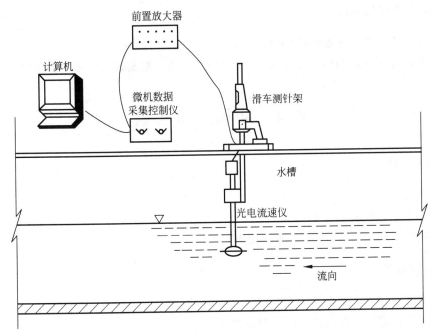

图　6.8

式中,v 为流速,cm/s;N 为叶轮转数;K 为 v-N/T 曲线的斜率(应预先率定);T 为时间, s;C 为 v-N/T 曲线在 v 坐标轴上的截距。

4. 实验步骤

(1) 熟悉仪器,记录有关常数。

(2) 将光电流速仪放至施测断面,并将流速仪的叶轮轴线正对水流方向。

(3) 开启水槽进水阀门,放水入槽,使水槽通过适当的流量并有一定的水深。

(4) 量测施测断面的水深。

(5) 开启计算机电源开关,按计算机的操作步骤进行操作。

(6) 分别将旋桨叶轮置于相对水深 $\eta = 0.4, 0.6, 0.8$ 和水面下 2cm 处及水槽底部。此时,计算机分别显示出各点的流速值并打印出流速分布图。

5. 注意事项

(1) 施测时叶轮轴线一定要与流速方向一致。

(2) 不要随便触动叶轮,并注意叶轮轴内不要塞入纤维、砂粒、碎片等物品。

(3) 流速仪的叶轮应放在水面下至少 3mm。

(4) 注意流速仪的量测范围为 3～120cm/s。

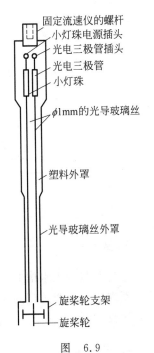

图　6.9

6. 成果要求与分析

（1）测定水槽某过水断面的中垂线上的各点流速。

（2）根据计算机绘制的流速分布图（流速与水深的关系曲线），计算中垂线的平均流速。

6.4　明渠水跃实验

1. 实验目的

（1）观察水跃现象，了解水跃类型及其基本特征。

（2）验证矩形平底渠道水跃理论。

（3）观察不同弗劳德数 Fr 的水跃类型。

2. 实验设备

（1）带有能控制下游水深的调节尾门的矩形固定水槽；

（2）提供恒定流动并可改变流量的供水系统；

（3）溢流坝；

（4）测针；

（5）流量计；

（6）米尺。

见图 6.10。

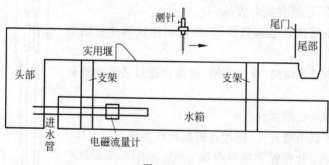

图　6.10

3. 实验原理

通过调节进入水槽的流量以及尾门的开度，在水槽中的实用堰下游急流转换为缓流，出现水跃现象。调节尾门的开度，逐渐增加下游水深，使水槽内依次产生远离式水跃、临界水跃及淹没水跃。

4. 实验步骤

（1）熟悉设备及仪器。把尾门固定在一定开度，记录已知数据。

（2）打开进水阀门放入水槽一定流量，调节下游尾门，使水槽内产生水跃，记录临界状态下的流量，共轭水深 h_1、h_2，水跃长度 L_j。

（3）改变流量 3 次，重复步骤（2）。

（4）实验完毕后关闭进水阀，整理好仪器，清扫实验场地。

5．注意事项

（1）由于临界水跃现象很不稳定，特别是跃后水面波动较大，量测时应同时确定水跃的跃前、跃后断面的位置，并迅速量测。

（2）同一断面上水深会有不同的深度，实测水深时，一般沿水槽中心线量测数次取平均值。

6．思考题

（1）当尾阀一定，改变流量时，跃长和共轭水深如何改变？为什么？

（2）试分析远离水跃、临界水跃与淹没水跃，哪种消能率高且冲刷距离短？

6.5　明渠非均匀流水面线演示实验

1．实验目的

（1）演示在不同底坡情况下矩形水槽中非均匀渐变流的几种主要水面曲线及其衔接形式。

（2）观察流态变换时的局部水力现象。

2．实验设备

实验仪器设备为矩形断面，两段铰接，可变底坡的明渠，变坡水槽构造图如图 6.11 所示。

3．实验原理

在如图 6.11 所示的前后两段均可改变底坡坡度的水槽中，通过在水槽的前段放置溢流坝模型或插入闸门以及分别调节水槽前后两段的底坡形成不同的组合条件，使得流过水槽的水流出现各种不同的明渠非均匀流水面曲线及其衔接的现象。

4．实验步骤

（1）打开水泵电机开关，由水槽首部充水。

（2）利用自动升降设备及角度指示标尺将水槽调至 $i_1 = i_2 = 0$。

（3）在前段水槽中部插入一闸门，当水流流入水槽后会呈现 H_3、H_2 两种水面线。

（4）将前段水槽调至 $i_1 < 0$，后段水槽调至 $i_2 < i_c$，闸门位置不变，可得 A_3、M_2 两种水面线。

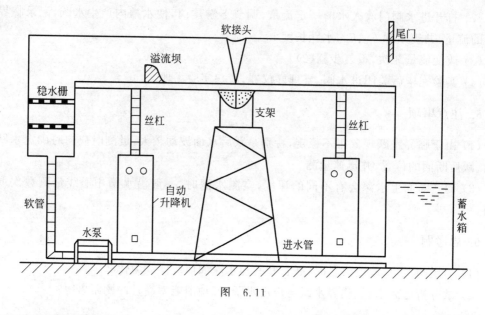

图 6.11

(5) 将两段水槽调至 $i_1 < i_c$，$i_2 > i_c$，在前段水槽中部装一溢流坝，水槽中可出现 M_1、M_3、S_2 型水面线。

(6) 将两段水槽调至 $i_1 > i_c$，$i_2 < i_c$，在前段水槽中部装一模型堰，水槽中可出现 S_1、S_3、M_2 型水面线。

5. 注意事项

(1) 在用升降机调节槽底坡度时，注意坡度指示器所指明的角度，不能过量，否则易于损坏机械。

(2) 水槽及闸门均用有机玻璃制作，在调节闸门开度时，不宜用力过大，以免损伤设备。

6. 思考题

(1) 影响临界水深 h_c 的因素有哪些？

(2) 根据实测流量、槽宽，应用分段法计算 M_1 型和 S_2 型水面线数据，并与实测值进行比较，分析产生差异的原因。

第7章
Chapter

孔口管嘴出流与堰流实验

7.1 理 论 要 点

7.1.1 孔口管嘴出流

1. 薄壁小孔口恒定自由出流

在容器壁上开孔,液体经孔口流出的现象称为孔口出流。

薄壁小孔口恒定自由出流如图 7.1 所示。孔口作用水头为 H,上游流速为 v_0,水流流过孔口后将继续收缩,直到距孔口约 $d/2$ 处,过水断面面积达到最小,该断面为收缩断面 c—c。

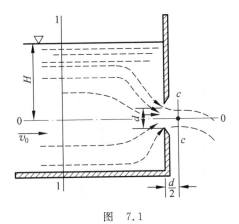

图 7.1

以通过孔口中心的水平面为基准面,对孔口上游断面 1—1 与孔口出流收缩断面 c—c 列能量方程,考虑水头损失主要为局部水头损失,可得

$$z_1 + \frac{p_1}{\rho g} + \frac{\alpha v_1^2}{2g} = z_c + \frac{p_c}{\rho g} + \frac{\alpha_c v_c^2}{2g} + h_j$$

$$H + 0 + \frac{\alpha v_0^2}{2g} = 0 + 0 + \frac{\alpha_c v_c^2}{2g} + \zeta \frac{v_c^2}{2g}$$

因此可推导出在一定水头作用下孔口自由出流时收缩断面的流速 v_c，用下式表示：

$$v_c = \varphi\sqrt{2gH_0}$$

式中，H_0 为总水头，$H_0 = H + \dfrac{\alpha v_0^2}{2g}$，其中 $\dfrac{\alpha v_0^2}{2g}$ 为行近流速水头；φ 为流速系数，$\varphi = \dfrac{1}{\sqrt{\alpha_c + \zeta}}$，其中 α_c 为孔口收缩断面动能校正系数，ζ 为局部水头损失系数。

令孔口断面收缩系数为 $\varepsilon = \dfrac{A_c}{A}$，其中 A_c 为收缩断面面积，A 为孔口面积，则孔口自由出流时的流量为

$$Q = \varepsilon\varphi A\sqrt{2gH_0} = \mu A\sqrt{2gH_0}$$

式中，μ 为流量系数，薄壁圆孔出流流量系数 $\mu = \varepsilon\varphi$。

因 $\dfrac{\alpha v_0^2}{2g}$ 很小，可忽略不计，因此 $H_0 \approx H$，可得

$$Q = \varepsilon\varphi A\sqrt{2gH} = \mu A\sqrt{2gH}$$

2. 圆柱形外管嘴恒定自由出流

管嘴实际上是以某种方式连接于孔口上的具有一定长度的短管。液体经由容器壁外壁上安装的长度为 3～4 倍管径的短管出流，或者经由容器壁的厚度为 3～4 倍孔径的孔口出流，称为管嘴出流。

圆柱形外管嘴恒定自由出流如图 7.2 所示。管嘴上游作用水头为 H，上游流速为 v_0，水流进入管嘴后，先形成收缩断面 $c—c$，在收缩断面附近水流与管壁分离，形成漩涡区，之后水流逐渐扩大，直至完全充满整个管面。管嘴出口 2—2 断面为满管流。

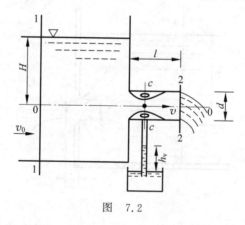

图　7.2

以管轴中心线所在的水平面为基准面，对 1—1 断面与 2—2 断面列能量方程，考虑水头损失主要为局部水头损失，可得

$$z_1 + \frac{p_1}{\rho g} + \frac{\alpha v_1^2}{2g} = z_2 + \frac{p_2}{\rho g} + \frac{\alpha_2 v_2^2}{2g} + h_{\mathrm{j}}$$

$$H + 0 + \frac{\alpha v_0^2}{2g} = 0 + 0 + \frac{\alpha v^2}{2g} + \zeta\frac{v^2}{2g}$$

因此可推导出在一定水头作用下圆柱形外管嘴恒定自由出流时出口处的流速 v,用下式表示:

$$v = \varphi \sqrt{2gH_0}$$

式中,H_0 为总水头,$H_0 = H + \dfrac{\alpha v_0^2}{2g}$,其中 $\dfrac{\alpha v_0^2}{2g}$ 为行近流速水头;φ 为流速系数,$\varphi = \dfrac{1}{\sqrt{\alpha + \zeta}}$,其中 α 为管嘴出口断面动能校正系数,ζ 为局部水头损失系数。

管嘴出口断面面积为 A,则管嘴自由出流时的流量为

$$Q = \varphi A \sqrt{2gH_0} = \mu A \sqrt{2gH_0}$$

式中,μ 为流量系数,圆柱形外管嘴出流时流量系数 μ 与流速系数 φ 相等。

因 $\dfrac{\alpha v_0^2}{2g}$ 很小,可忽略不计,因此 $H_0 \approx H$,可得

$$Q = \varphi A \sqrt{2gH} = \mu A \sqrt{2gH}$$

当孔口面积与管嘴出口断面处面积相等,且作用水头相同时,虽然管嘴出流的阻力比孔口出流的大,但管嘴出流的流量却比孔口出流的大,这是因为在管嘴收缩段出现真空所致。在 c—c 断面处真空高度 h_v 可达作用水头的 0.75 倍,相当于将管嘴的作用水头增大了 75%。

7.1.2　堰　流

堰流是指水流经过泄水建筑物时发生水面连续且光滑的跌落现象。如水流经过溢流坝顶、桥孔、无压隧洞进口等处的水流现象均属堰流。

堰流的特点是:①水流在重力作用下由势能转化为动能;②属于急变流,计算中只考虑局部水头损失;③属于控制建筑物,用于控制水位和流量。

1. 堰的分类

按堰顶厚度 δ 与堰上水头 H 之比 $\dfrac{\delta}{H}$,将堰分为三类:

$\dfrac{\delta}{H} < 0.67$　　　　薄壁堰

$0.67 < \dfrac{\delta}{H} < 2.5$　实用堰

$2.5 < \dfrac{\delta}{H} < 10$　　宽顶堰

2. 堰流的基本公式

$$Q = \sigma \varepsilon m B \sqrt{2g} H_0^{\frac{3}{2}}$$

式中,σ 为淹没系数;ε 为侧收缩系数;m 为流量系数;B 为堰净宽度;H_0 为堰上总水头;Q 为过堰流量。

对于矩形薄壁堰,常用计算公式为

$$Q = m_0 B \sqrt{2g} H^{\frac{3}{2}}$$

式中，m_0 为包括上游行近流速影响在内的流量系数，也称为流量系数。需要注意的是，式中使用的是堰上水头 H 而不是堰上总水头 H_0。

矩形薄壁堰的流量系数 m_0 在自由出流和无侧收缩的情况下可按以下经验公式计算。

巴辛(Bazin)公式

$$m_0 = \left(0.405 + \frac{0.027}{H}\right) \left[1 + 0.55\left(\frac{H}{H+a}\right)^2\right]$$

此式适用条件为 $0.2\text{m} < a < 1.13\text{m}$，$B < 2\text{m}$，$0.1\text{m} < H < 1.24\text{m}$。

雷保克(T. Rehbock)公式

$$m_0 = 0.4034 + 0.0534\frac{H}{a} + \frac{1}{1610H - 4.5}$$

此式适用条件为 $H \geq 0.025\text{m}$，$H \leq 2a$，$a \geq 0.3\text{m}$。

以上两经验公式中的 a、H 均以 m 计。

7.2 孔口管嘴出流实验

1. 实验目的

(1) 观察各种典型孔口和管嘴出流时的流动现象与圆柱形外管嘴的局部真空现象。

(2) 测定薄壁圆孔口及管嘴出流时断面收缩系数 ε，流速系数 φ，流量系数 μ 和局部水头损失系数 ζ。

(3) 测定圆柱形外管嘴真空值。

2. 实验设备

实验设备由自循环供水水箱、矩形溢流水箱、挡水圆板、孔口(管嘴)、矩形水槽和尾水箱组成。矩形溢流水箱、尾水箱与自循环供水水箱之间均用 PVC 软管相连。潜水泵启动后，水流由供水水箱进入矩形水箱，超过溢流板高度后产生溢流，以保持水头恒定。该溢流板可调节高度，从而形成不同的水头。矩形水箱侧壁开孔，内置挡水圆板，该圆板可利用撑杆开合。合上挡水圆板时，可更换孔板、管嘴。打开挡水圆板时，则形成孔口出流或管嘴出流。水流从孔口(管嘴)流出后，经尾水箱重新流回供水水箱，完成自循环。实验设备示意图如图 7.3 所示。

3. 实验原理

实验设备中水头保持恒定后，依据理论分析孔口、管嘴出流流量 Q 与总水头 H_0 的关系为

$$Q = \mu A \sqrt{2gH_0}$$

因为行近流速水头 $\dfrac{\alpha v_0^2}{2g}$ 很小，故可忽略不计，因此 $H_0 \approx H$，可得出所测孔口或管嘴流量

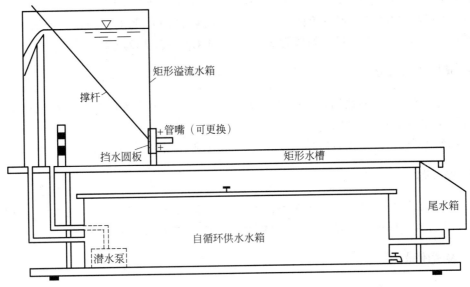

图 7.3

系数 μ 为

$$\mu = \frac{Q}{A\sqrt{2gH}}$$

式中,A 为孔口或管嘴面积,H 为作用水头。

孔口出流时,可测得收缩断面面积为 A_c,则孔口断面收缩系数 $\varepsilon = \dfrac{A_c}{A}$;流速系数 $\varphi = \dfrac{\mu}{\varepsilon}$;局部水头损失系数 $\zeta = \dfrac{1}{\varphi^2} - 1$(取收缩断面处动能校正系数 $\alpha_c \approx 1.0$)。

管嘴出流时,流速系数 $\varphi = \mu$,局部水头损失系数 $\zeta = \dfrac{1}{\varphi^2} - 1$(取管嘴出口断面处动能校正系数 $\alpha \approx 1.0$)。

4. 实验步骤

(1) 熟悉仪器,测记有关常数。

(2) 启动抽水机,开启进水阀门,使水箱充水,并保持溢流,使水位恒定,读水头 H 值。

(3) 打开挡水圆板,使水流从孔口流出,用外卡尺量测距孔口 $2/d$ 处(收缩断面)的直径 d_c。收缩断面面积用 $A_c = \pi d_c^2 / 4$ 计算。

(4) 用体积法量测流量 Q。用烧杯接水,同时用秒表计时间 T秒。称出水的质量 $m_水$,计算水的体积 $V_水 = m_水 / \rho$。流量 $Q = V_水 / T_秒$,相应的断面平均流速 $v = Q/A$。

(5) 改变溢流板高度,重复上述步骤,可测定不同流量下的数据。

(6) 当水流从管嘴流出时,还应读取收缩断面处的真空高度。

5. 注意事项

(1) 实验必须在水流稳定时进行。

(2) 量测收缩断面直径时,卡尺既不能阻碍水流又不能离开水流。

(3) 为提高实验精度,测每组的流量数据时应测两次 Q_1 和 Q_2,记录这两次的实测数据,计算时选取这两次的流量平均值为实测流量,即 $Q=(Q_1+Q_2)/2$。

6. 成果要求与分析

(1) 依据测记的实验数据,计算薄壁圆孔口及管嘴出流时断面收缩系数 ε,流速系数 φ,流量系数 μ 和局部阻力系数 ζ。

(2) 测定圆柱形外管嘴真空值 h_v,分析 h_v 与上游作用水头 H 的关系。

7. 思考题

(1) 为什么同样直径与同样水头条件下,管嘴的流量系数 μ 值比孔口的大?

(2) 为什么有的射流紧密不碎,射程较远,有的射流却破碎成滴?

8. 参考附录

测记以下有关常数:

(1) 孔口直径 $d=$ _____ cm。   (2) 孔口面积 $A=$ _____ cm^2。

(3) 管嘴直径 $d=$ _____ cm。   (4) 管嘴面积 $A=$ _____ cm^2。

表 7.1　薄壁圆孔口出流量测记录表格

测组	水头	收缩断面直径	量水质量		量水体积		量水时间		流量		
	H /cm	d_c /cm	m_1 /g	m_2 /g	V_1 /cm^3	V_2 /cm^3	T_1 /s	T_2 /s	Q_1 /(cm^3/s)	Q_2 /(cm^3/s)	Q /(cm^3/s)
1											
2											

表 7.2　圆柱形外管嘴出流量测记录表格

测组	水头	收缩断面真空高度	量水质量		量水体积		量水时间		流量		
	H /cm	h_v /cm	m_1 /g	m_2 /g	V_1 /cm^3	V_2 /cm^3	T_1 /s	T_2 /s	Q_1 /(cm^3/s)	Q_2 /(cm^3/s)	Q /(cm^3/s)
1											
2											

表 7.3　孔口出流计算表格

测组	流量	流量系数	收缩断面面积	断面收缩系数	流速系数	局部阻力系数
	Q /(cm^3/s)	$\mu=\dfrac{Q}{A\sqrt{2gH}}$	$A_c=\dfrac{\pi}{4}d_c^2$ /cm^2	$\varepsilon=\dfrac{A_c}{A}$	$\varphi=\dfrac{\mu}{\varepsilon}$	$\zeta=\dfrac{1}{\varphi^2}-1$
1						
2						

表 7.4　管嘴出流计算表格

测组	流量 Q /(cm³/s)	流量系数 $\mu = \dfrac{Q}{A\sqrt{2gH}}$	流速系数 $\varphi = \mu$	局部阻力系数 $\zeta = \dfrac{1}{\varphi^2} - 1$
1				
2				

7.3　堰　流　实　验

1. 实验目的

(1) 观察矩形薄壁堰、实用堰和宽顶堰上的水流现象,并观察下游水位对宽顶堰的淹没出流影响。

(2) 测定非淹没出流情况下堰流流量系数 m 值,并与经验公式值(或公认值)进行比较。

2. 实验设备

实验设备由矩形水槽、水泵、电磁流量计、进水阀门、尾水闸门、水箱和尾水箱组成。水槽头部、进水阀门、电磁流量计、水泵、水箱和尾水箱之间用管道相连接。启动水泵后,水流从管道进入矩形水槽的头部,电磁流量计可显示正在通过的流量,进水阀门可调节进水流量的大小。水流在模型堰上游形成壅水,模型堰上游设有测针,可读取上游水位。水流经过模型堰,进入水槽尾部。水槽尾部设有尾水闸门,可调节模型堰下游水深。水槽尾部伸入尾水箱排水,水流可从尾水箱流回水箱。实验设备示意图如图 7.4 所示。

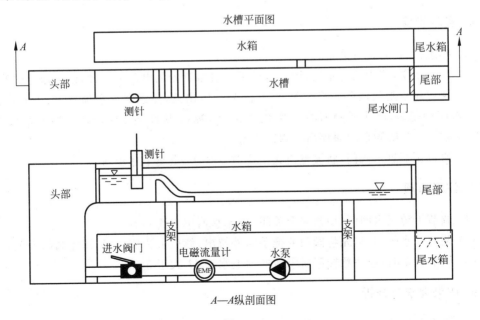

图　7.4

3. 实验原理

根据理论分析可知,实验设备中所测堰的泄流量 Q 与堰上总水头 $H_0^{3/2}$ 之间成一定比例:

$$Q = \sigma \varepsilon m B \sqrt{2g} H_0^{\frac{3}{2}}$$

当无侧收缩、自由出流时,淹没系数 $\sigma = 1$,侧收缩系数 $\varepsilon = 1$,可得出所测堰流量系数 m 为

$$m = \frac{Q}{B \sqrt{2g} H_0^{\frac{3}{2}}}$$

其中

$$H_0 = H + \frac{\alpha v_0^2}{2g}$$

式中,H 为堰上水头,$H = \nabla - \nabla_0$,其中 ∇ 为所测堰上游的水位测针读数,∇_0 为所测堰的堰顶高程测针读数;v_0 为上游行近流速,$v_0 = Q/A$,矩形水槽 $A = B(H + a)$,其中 B 为所测堰的堰宽,a 为所测堰的堰高。

上述方法可用于测定实用堰和宽顶堰的流量系数 m。

对于薄壁堰,可将上游行近流速影响包括在流量系数 m_0 之中,则过堰流量 Q 为

$$Q = m_0 B \sqrt{2g} H^{\frac{3}{2}}$$

因此实测薄壁堰流量系数 m_0 为

$$m_0 = \frac{Q}{B \sqrt{2g} H^{\frac{3}{2}}}$$

可与巴辛公式或雷保克公式 m_0 的计算结果进行比较。

4. 实验步骤

(1) 熟悉仪器,测记有关常数。

(2) 开启水泵,待水流稳定后,读取水槽下方进水管处的电磁流量计,记录通过的流量。

(3) 通过尾水闸门调节下游水深,使堰流为自由出流,注意观察堰顶及上、下游水流情况。等水流稳定后,测出所测堰的上游水位测针读数 ∇,从而测得所测堰的堰上水头 $H = \nabla - \nabla_0$,其中 ∇_0 为所测堰的堰顶高程测针读数。

(4) 通过调节进水阀门,将流量由大至小改变 3 次,重复上述步骤。

5. 注意事项

(1) 调节下游尾水闸门,切勿完全关闭,以免水槽中水流满溢。

(2) 调节进水阀门,请先将阀门的把手向外拉出,然后再调节,避免损坏阀门开关。

(3) 调节流量时,应注意控制所测堰的堰上水头 H 大于 5cm。

6. 成果要求与分析

(1) 依据测记的实验数据,计算所测堰的流量系数。

（2）将实测堰流流量系数与经验公式值（或公认值）进行比较，分析量测精度的影响因素。

7. 思考题

（1）宽顶堰自由出流的特点是什么？淹没宽顶堰流的特征如何？对泄流能力有何影响？

（2）为什么流量系数的实验值一般比经验公式值（或公认值）小？有哪些因素影响流量系数实验的量测精度？

8. 参考附录

测记以下有关常数：

（1）所测堰堰型为_____。　　　　（2）所测堰堰宽 $B=$_____ cm。

（3）所测堰堰高 $a=$_____ cm。　　（4）所测堰堰顶高程 $\nabla_0=$_____ cm。

（5）实用堰设计水头 $H_d=$_____ cm。

表 7.5　薄壁堰堰流实验量测记录表格

测次	流量 $Q/(\mathrm{cm}^3/\mathrm{s})$	堰水面测针读数 ∇/cm	堰上水头 $H=\nabla-\nabla_0$ /cm	流量系数 $m_0=\dfrac{Q}{B\sqrt{2g}H^{\frac{3}{2}}}$
1				
2				
3				

表 7.6　实用堰或宽顶堰流实验量测记录表格

测次	流量 $Q/(\mathrm{cm}^3/\mathrm{s})$	堰水面测针读数 ∇/cm	堰上水头 $H=\nabla-\nabla_0$ /cm	行近流速水头 $\dfrac{\alpha v_0^2}{2g}$ /cm	堰上总水头 $H_0=H+\dfrac{\alpha v_0^2}{2g}$ /cm	流量系数 $m=\dfrac{Q}{B\sqrt{2g}H_0^{\frac{3}{2}}}$
1						
2						
3						

第8章
Chapter

渗 流 实 验

8.1　理 论 要 点

1. 渗流的基本概念

渗流：流体(主要指水)在地表以下土壤孔隙和岩石裂隙中的运动称为渗流。

无压渗流：具有自由表面的渗流称为无压渗流,如土坝渗流、普通井中的渗流。

有压渗流：位于不透水层下面没有自由表面的渗流称为有压渗流,如本章实验中闸底板下的渗流、承压井中的渗流。

均质土壤：若在渗流空间的各点处同一方向透水性能相同的土壤称为均质土壤;否则为非均质土壤。

各向同性土壤：若在渗流空间同一点处各个方向透水性能相同的土壤称为各向同性土壤;反之为各向异性土壤。

自然界中土壤的构造是极其复杂的,一般多为非均质各向异性土壤。

2. 渗流模型

(1) 不考虑渗流在土壤孔隙中流动途径的迂回曲折,只考虑渗流的主要流向。

(2) 不考虑土壤颗粒,认为渗流的全部空间均被渗流充满。

由于渗流模型把渗流的全部空间看作被水体充满的连续介质,因此对渗流模型可采用连续函数进行分析。

为了使真实的渗流与假想的渗流在水力特征方面相一致,渗流模型还必须满足下列条件：

(1) 通过空间同一过水断面,真实的渗流量等于模型的渗流量;

(2) 作用于模型中某一作用面上的渗流压力等于真实的渗流压力;

(3) 模型中任意体积内所受的阻力等于同体积内真实渗流的阻力,即两者的水头损失相等。

在渗流模型条件下则存在：

$$\Delta Q = \Delta A v = v' \Delta A'$$

$$(8.1)$$

即

$$v = \frac{\Delta A'}{\Delta A} v' = n v' \tag{8.2}$$

由于孔隙率 $n < 1.0$，所以 $v < v'$。

由于引入了渗流模型，渗流模型中的流速与真实的渗流流速是不相等的。

3. 达西定律

1852—1855 年，法国水利工程师达西总结得出渗流水头损失与渗流流速、流量之间的基本关系式，称为达西定律。

达西通过大量的实验，得到圆筒内的渗流量 Q 与圆筒断面面积 A 以及水力坡度 J 成正比，并与土壤的透水性能 k 有关，即

$$Q = kA \frac{h_w}{l} = kAJ \quad \text{或} \quad v = kJ \tag{8.3}$$

式中，Q 为渗流量；v 为渗流断面平均流速；k 为渗透系数，是反映土质透水性能的综合系数；J 为渗流水力坡度；h_w 为渗流水头损失；l 为渗流长度。

由于渗流流速很小，故流速水头可以忽略不计，因此总水头 H 可以用测压管水头 h 来表示，水头损失 h_w 可以用测压管水头差来表示：

$$H = h = z + \frac{p}{\rho g} \tag{8.4}$$

$$h_w = H_1 - H_2 = h_1 - h_2 \tag{8.5}$$

则渗流水力坡度可以用测压管坡度来表示：

$$J = \frac{h_w}{l} = \frac{h_1 - h_2}{l} \tag{8.6}$$

达西定律渗流流速 v 与水力坡度 J 的一次方成比例，因此该定律只适用于层流渗流。

4. 恒定渗流的基本微分方程，渗流的流速势函数

渗流的连续性方程为

$$\frac{\partial u_x}{\partial x} + \frac{\partial u_y}{\partial y} + \frac{\partial u_z}{\partial z} = 0 \tag{8.7}$$

若将达西定律推广到各向同性均质土壤的三元渗流中，则得到渗流运动微分方程

$$\begin{cases} u_x = -k \dfrac{\partial H}{\partial x} = \dfrac{\partial(-kH)}{\partial x} \\[2mm] u_y = -k \dfrac{\partial H}{\partial y} = \dfrac{\partial(-kH)}{\partial y} \\[2mm] u_z = -k \dfrac{\partial H}{\partial z} = \dfrac{\partial(-kH)}{\partial z} \end{cases} \tag{8.8}$$

这样渗流的连续性方程和运动方程就构成了渗流的基本微分方程组，共有 4 个微分方程，4 个未知数（u_x，u_y，u_z，H），理论上是可以求解的。

渗流流速势函数

$$\varphi = -kH \tag{8.9}$$

将式(8.8)代入式(8.7)后可得

$$\frac{\partial^2 H}{\partial x^2} + \frac{\partial^2 H}{\partial y^2} + \frac{\partial^2 H}{\partial z^2} = 0 \tag{8.10}$$

亦可写成

$$\frac{\partial^2 \varphi}{\partial x^2} + \frac{\partial^2 \varphi}{\partial y^2} + \frac{\partial^2 \varphi}{\partial z^2} = 0 \tag{8.11}$$

由以上分析表明,渗流的水头函数 H 或流速势函数 φ 满足拉普拉斯方程,通过求解该方程(满足一定的边界条件),就可给出渗流场。

5. 恒定平面渗流的流网解法

在 $\Delta\psi = \Delta\varphi$ 的条件下,流网具有正交特性,利用流网这个特性可以徒手画出流网,也可以根据地下水的渗流运动与电场中电流运动均满足相同的运动微分方程式——拉普拉斯方程式求解,只要两种运动的边界条件相似,则其解就相同。根据这一原理也可以应用水电比拟法获得流网。如果得到了流网,如图 8.1 所示,则渗流问题也就得到了解决。

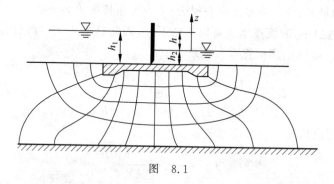

图 8.1

1) 渗流速度 u 及单宽流量 q

渗流速度

$$u = k \frac{h}{n\Delta s} \tag{8.12}$$

单宽流量

$$q = k \frac{mh}{n} \tag{8.13}$$

式中,h 为上、下游水头差;m 为流带数,即 $m+1$ 条流线可将渗流区域分隔成 m 条流带;Δs 为流网方格的边长;n 为由等势线分隔的渗流区域个数,即 $n+1$ 条等势线可将渗流区域划分成 n 个部分。

2) 渗流压强 p

任意第 i 条等势线的水头

$$H_i = h - (i-1) \frac{h}{n} \tag{8.14}$$

式中,n,h 的定义与前述相同。

流网中任意一点压强

$$p = \rho g (H_i - z) \tag{8.15}$$

式中，z 为位置坐标，以下游水面为基准面，选 z 轴铅直向上为正。

3）渗流压力的计算

求出建筑物底轮廓各点的渗流压强分布后，其单宽渗流压力 P 为

$$P = \int_s p \, \mathrm{d}s \tag{8.16}$$

其中 s 为相应建筑物底轮廓线的长度。由于式（8.16）中的 p 在建筑物底轮廓上的作用方向不同，不能放在一起进行计算，例如垂直压力和水平压力要分别进行计算。

在工程中主要关注作用于建筑物底部铅直向上的渗流压力，因为它涉及建筑物的稳定性问题。例如，只要求计算作用于坝底的铅直压力时，不需要将坝底轮廓线展开，直接在坝底上绘出压强分布图即可求出压力。具体操作时，是先在坝底上绘制 H 分布图和 z 分布图。如图 8.2 所示的溢流坝，已知上游水位为 h_1，下游水位为 h_2，上、下游水位差为 $h = h_1 - h_2$，已绘制出的流网中共有 17 条等势线，与坝底轮廓分别交于 $1,2,3,\cdots,17$ 点。

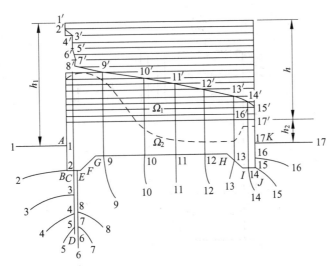

图　8.2

首先将上、下游水头差 h 分为 n 等份，过每一等分点作水平线，与此同时，通过坝底轮廓线上的 $1,2,3,\cdots,17$ 点分别作铅垂线，依次与各水平线分别交于 $1',2',3',\cdots,17'$ 点。由于 $1',2',3',\cdots,17'$ 点到以下游水面为基准面的铅直距离分别是点 $1,2,3,\cdots,17$ 的水头 H，故在图 8.2 中 $1',2',3',\cdots,17'$ 各点所形成的折线与以下游水面为基准线之间所形成的面积即为 H 分布图的面积，以 Ω_1 表示。而以下游水面为基准线与坝底轮廓线 $A,B,C,\cdots,K$ 之间的面积即为 z 分布图的面积，以 Ω_2 表示。这样，作用于单位宽度（垂直于纸面）坝底上的铅直压力可写为

$$P = \rho g (\Omega_1 + \Omega_2) \tag{8.17}$$

以上仅仅考虑作用在建筑物底轮廓上的铅直向上压力，若考虑其他方向上的压力，必须将建筑物底轮廓展开，仍然按上述步骤求解。但在求各部分面积时，不同方向的压力，分别相加，这样就可得出不同方向的总压力。

8.2　达西渗流实验

1. 实验目的

(1) 测定均质砂的渗透系数 k 值,掌握特定介质渗透系数的量测方法。

(2) 测定渗过砂体的渗流量与水头损失的关系,验证渗流的达西定律。

2. 实验设备

达西渗流实验装置如图 8.3 所示,该装置的主要部分是一个上端开口的直立圆筒 G。在圆筒的侧壁装有高差为 l 的两支测压管。筒底装有过滤板 D,过滤板以上装入均质砂土。水由引水管 A 注入圆筒 G,多余的水从溢流管 B 排出,以保证筒内水位恒定。

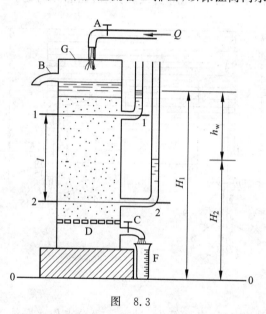

图　8.3

3. 实验原理

由于圆筒直径和渗流作用水头保持不变,故为恒定均匀渗流。水经过均质砂土渗至过滤板后流出,从管 C 流入量杯 F,在时段 t 内,流入量杯中的水体体积为 V,则渗流流量为

$$Q = \frac{V}{t}$$

同时测读 1、2 两根测压管的水头 H_1 和 H_2。由于渗流流速水头可以忽略不计,在 l 流段上的渗流水头损失为

$$h_w = H_1 - H_2$$

达西在分析了大量实验资料的基础上,提出了对不同直径的圆筒和不同类型的土壤,通过圆筒内的渗流量 Q 与圆筒的断面面积 A 及水头损失 h_w 成正比,与两断面间的距离 l 成反比。

引入比例系数 k,由于 $J = \dfrac{h_w}{l}$ 为水力坡度,于是渗流流量为

$$Q = kA \frac{h_w}{l} = kAJ$$

亦可以写成如下断面平均流速的形式:

$$v = kJ$$

以上均称为达西定律,它是解决渗流问题的基本定律。

达西定律是通过均匀砂土在均匀渗流实验的条件下总结归纳出来的,这样就有其一定的适用范围。从达西定律来看渗流的水头损失与流速的一次方成比例。由第 4 章的层紊流实验可知,此时的水流是属于层流状态。由此可知,达西定律只适用于层流渗流,亦称为线性渗流。反之超出此达西定律适用范围的渗流,亦称为紊流渗流或称为非线性渗流。

渗流雷诺数可用下述经验公式求得:

$$Re = \frac{vd_e}{\nu} \times \frac{1}{0.75n + 0.23}$$

式中,d_e 为有效粒径,v 为渗流模型的断面平均流速,ν 为渗透液体的运动黏滞系数,n 为孔隙率。

一般认为当雷诺数小于 $1 \sim 10$ 时(绝大多数细颗粒土壤中的渗流),达西定律是适用的,只有在砾石、卵石等大颗粒土壤中渗流才会出现水力坡度与渗流流速不成一次方的非线性渗流,也就是雷诺数大于 $1 \sim 10$ 时达西定律不再适用。

4. 实验步骤

(1)熟悉实验装置及其原理,记录有关常数,包括圆筒直径 d、测压孔间距 l、土壤孔隙率 n、有效粒径 d_e 等。

(2)打开进水管,将水引入实验筒内,底部控制阀 T 打开,此时要保持溢水管有少量水溢出。这时可以进行第一次实验,量测水头损失 h_w 和渗透流量。

(3)量测液体温度 t。

(4)稍关下部阀门 T,减少流量,重复以上实验各步。

(5)实验结束,关闭进水阀门。

5. 注意事项

(1)渗流量 $Q = 0$ 时,两测压管应保持水平,否则应进行检查,找出原因,并予以排除。

(2)实验流量不易过大,以防砂土浮动。

(3)实验时,要始终保持溢流,以保证为恒定流。

6. 成果分析

（1）将实测数据列入记录表，并计算各组次的 h_w、J、v、k、Re。

（2）根据所算的雷诺数，检验实验条件是否符合达西定律的使用条件，分析不同流量下渗流系数是否相同，并说明原因。

（3）绘制流速 v 与水力坡度 J 之间的关系曲线及流量与水头损失的关系曲线，并进行分析讨论。

7. 思考题

（1）当砂样有效粒径 d_e 不变时，流量 Q 为多少即为渗流实验上限？反过来，当流量 Q 不变时，d_e 等于多大时为实验上限？若要确定达西定律的范围，实验应如何进行？

（2）当渗透圆筒倾斜放置、水平放置或倒置时，所测得的 k 值和 J 值及平均流速和渗透流量是否一样？

（3）不同流量下渗流系数 k 是否相同，为什么？

8.3   有压渗流的水电比拟实验

1. 实验目的

（1）了解水电比拟法实验原理，学习水电比拟法实验的设备安装和使用。
（2）用实验方法测定平面势流的等势线，并根据等势线绘制流网。
（3）根据流网确定渗流流量、渗流速度和渗透压力。

2. 实验设备

实验装置如图 8.4(a)、(b)所示。按一定比例将闸门底板下面有压渗流场缩小在实验盘中，闸底板及两侧边界用不导电的有机玻璃板材料制作，流场上下游边界，用导电材料铜板做成，盘中盛有水或盐水 1～2cm 深，盘底放有方格纸坐标。

将 SX-1 型信号源的红端接线柱，接至电拟盘上游铜板接线柱上，将黑端接线柱接至电拟盘下游铜板接线柱上，将 SX-1 型信号源中间的红端接线柱与探针相连，由 SX-1 信号源上的电表直接测读接触点的电压。

3. 实验原理

符合达西定律的恒定渗流场可用拉普拉斯方程描述，而在导体中的电流场同样也可以用拉普拉斯方程描述，这个事实表明渗流和电流现象之间存在着比拟关系。这样可以利用这种关系，通过对电流场电学量的量测来解答渗流问题。这种实验方法称作水电比拟法。

地下水流动区域中水流要素和电场流动区域的电流要素在数学和物理上所具有的比拟关系见表 8.1 所示。

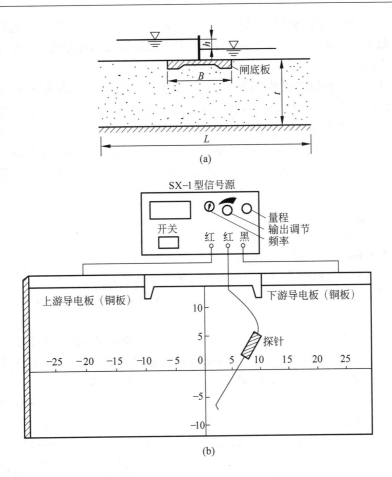

图　8.4

表 8.1　水流要素和电流要素

电　流　场	渗　流　场
电位 V	水头 H
电位 V 满足拉普拉斯方程	水头 H 满足拉普拉斯方程
$\dfrac{\partial^2 V}{\partial x^2}+\dfrac{\partial^2 V}{\partial y^2}+\dfrac{\partial^2 V}{\partial z^2}=0$	$\dfrac{\partial^2 H}{\partial x^2}+\dfrac{\partial^2 H}{\partial y^2}+\dfrac{\partial^2 H}{\partial z^2}=0$
电流密度 σ	渗流流速 u
电导系数 λ	渗透系数 k
导线长度 s	流线长度 s
导线横断面面积 A	渗流过水断面面积 A
欧姆定律 $\sigma=-\lambda\dfrac{\mathrm{d}V}{\mathrm{d}s}$	达西定律 $u=-k\dfrac{\mathrm{d}H}{\mathrm{d}s}$
电流强度 $I=-\lambda A\dfrac{\mathrm{d}V}{\mathrm{d}s}$	渗流流量 $Q=-kA\dfrac{\mathrm{d}H}{\mathrm{d}s}$
在绝缘边界上 $\dfrac{\partial V}{\partial n}=0$	在不透水边界上 $\dfrac{\partial H}{\partial n}=0$
等电位线	等水头线

若使渗流场和电场保持几何相似和边界条件相似,导电性与渗流性质相似,则在电场中测出等电位线就可模拟渗流场的等势线即等水线,根据此原理,用水电比拟法作出渗流场的等势线后,可进而绘出流网,并用流网解平面渗流问题。

本实验中,用良导体(紫铜片)来模拟上、下游渗流的透水边界,用绝缘体(有机玻璃或胶木板)模拟渗流的不透水边界,整个渗流区充以导电的液体,如水或盐水。具体的量测电路如图 8.4(b)所示,首先将信号电源所产生的电压加在上、下游的导电片上,调节输出旋钮使之在上、下游形成固定的电位差,并在导电区内形成电场。用移动探针依次探测出不同电位时的各条等电位线,这些等电位线即代表渗流区域的相应的等水头线,根据流网的特性加绘出流线,就可得到流网。

4. 实验步骤

(1) 熟悉实验装置、原理及相关用法。

(2) 用适当比例将电拟盘的不透水边界轮廓线各点绘于方格纸上。

(3) 用水平尺,将实验盘调整为水平。盘中注入清水(盐水)1～2cm 深,盘中各处水深均相等。

(4) 联结并检查线路后,将信号源接通,同时将量程开关旋转到 10V 的位置。

(5) 将探针与上游导电板接触。旋转信号源的输出调节旋钮,使电表的指针指向 10V 处,然后,将探针移至下游导电板处,此时电表的指针应指向 0V 处,使上、下游导电板间电压为 10V。

(6) 分别施测各条等电位线。例如先测 9V 的等电位线。将探针在实验盘内沿流线的方向滑动,当电表的指针指在 9V 时,将探针在实验盘内所指位置的坐标值点绘在方格纸上,这就是 9V 等电位线上的一个点。移动探针又可以找到 9V 的其他点。将这些点连成曲线,就是 9V 的等电位线,即模拟出 0.9H 的等势线。

(7) 重复步骤(5),可找出 8V,7V,6V,…,1V 的若干根等电位线。模拟出 0.8H,0.7H,0.6H,…,0.1H 的等势线。

(8) 根据流网的特性描绘流线。

(9) 实验结束,关闭电源,将实验仪器恢复原样。

5. 注意事项

(1) 等势线最好边测边点绘在方格纸上,以便判断测点分布和等势线是否合理,便于补测和修改。对于每一条等势线测点分布要求合理,在靠近底板处稍密些,中间点尽量均匀。

(2) 等势线形状和分布如有不合理现象时,应检查一下电压是否稳定,上下游电位差是否保持 10V,实验盘是否水平(若不平,渗流系数不能视为常数)。

(3) 为了便于计算建筑物底面上的渗透压力,宜多量测一些靠近建筑物底面上的电压分布值,对于建筑物底部轮廓线的转折点,一般都要测到。

6. 思考题

(1) 为什么要将实验盘放置水平,实验盘的形状和大小对实验结果有无影响?

(2) 为什么建筑物边界急剧变化的地方,流网的网格形状不是正方形?

（3）影响流网形状的主要因素有哪些？

7. 成果分析

（1）根据实测的等势线，绘制流网图（请准备方格纸绘制流网图）。

（2）根据流网图粗略计算渗流要素。若已知 $k = 2.0 \text{m/d}$，上游水深 $h_1 = 30 \text{m}$，下游水深 $h_2 = 20 \text{m}$，比例尺为 $1 : 100$，计算渗透压力和渗流流量，并在下游渗流出口处选择三点计算该处的渗流流速。

（3）对实验结果进行分析。

第9章

Chapter

液体三元流动基本原理实验

9.1 理论要点

9.1.1 流线与迹线微分方程

1. 流线微分方程

流线是在流场中瞬时画出的曲线,且曲线上各质点的速度矢量与曲线在各点相切。
流线微分方程为

$$\frac{\mathrm{d}x}{u_x(x,y,z,t)}=\frac{\mathrm{d}y}{u_y(x,y,z,t)}=\frac{\mathrm{d}z}{u_z(x,y,z,t)}=\frac{\mathrm{d}s}{u(x,y,z,t)} \tag{9.1}$$

由于流线是针对某一瞬时而言的,因此式中时间 t 为流线方程的参数,积分时可将 t 看作常量。

2. 迹线微分方程

迹线是一个液体质点在一段时间内的运动轨迹,是对于某一特定的液体质点而言的。
迹线微分方程为

$$\frac{\mathrm{d}x}{u_x(x,y,z,t)}=\frac{\mathrm{d}y}{u_y(x,y,z,t)}=\frac{\mathrm{d}z}{u_z(x,y,z,t)}=\frac{\mathrm{d}s}{u(x,y,z,t)}=\mathrm{d}t \tag{9.2}$$

迹线是某特定质点的运动路线,因此在迹线方程中,时间 t 为自变量。对于恒定流动,迹线与流线是重合的。

9.1.2 液体三元流动的连续性方程

直角坐标系下微分形式的连续性方程为

$$\frac{\partial \rho}{\partial t}+\left[\frac{\partial}{\partial x}(\rho u_x)+\frac{\partial}{\partial y}(\rho u_y)+\frac{\partial}{\partial z}(\rho u_z)\right]=0 \tag{9.3}$$

对于恒定流,$\dfrac{\partial \rho}{\partial t}=0$,则

$$\frac{\partial}{\partial x}(\rho u_x) + \frac{\partial}{\partial y}(\rho u_y) + \frac{\partial}{\partial z}(\rho u_z) = 0 \tag{9.4}$$

若液体为不可压缩液体,则

$$\frac{\partial u_x}{\partial x} + \frac{\partial u_y}{\partial y} + \frac{\partial u_z}{\partial z} = 0 \tag{9.5}$$

9.1.3　液体恒定平面势流

1. 流函数及其特性

流函数存在的条件是:不可压缩液体作平面运动。此时可引出一个描绘流场的标量函数,称作流函数,用 ψ 表示。

流函数的全微分形式为

$$\mathrm{d}\psi = u_x \mathrm{d}y - u_y \mathrm{d}x \tag{9.6}$$

流函数与流速分量 u_x、u_y 之间的关系为

$$u_x = \frac{\partial \psi}{\partial y}, \quad u_y = -\frac{\partial \psi}{\partial x} \tag{9.7}$$

流函数 ψ 的主要物理性质如下。

(1) 流函数的等值线就是流线。

(2) 两条流线间所通过的单宽流量等于两个流函数值之差,即

$$q = \int \mathrm{d}q = \int_{\psi_1}^{\psi_2} \mathrm{d}\psi = \psi_2 - \psi_1$$

(3) 对于平面不可压缩液体的无旋流动,流函数是调和函数,即 ψ 满足拉普拉斯方程:

$$\frac{\partial^2 \psi}{\partial x^2} + \frac{\partial^2 \psi}{\partial y^2} = 0$$

2. 流速势函数及其特性

势函数存在的条件是:无旋运动。无旋运动是指旋转角速度为零的流动,即

$$\begin{cases} \omega_x = \dfrac{1}{2}\left(\dfrac{\partial u_z}{\partial y} - \dfrac{\partial u_y}{\partial z}\right) = 0 \\[2mm] \omega_y = \dfrac{1}{2}\left(\dfrac{\partial u_x}{\partial z} - \dfrac{\partial u_z}{\partial x}\right) = 0 \\[2mm] \omega_z = \dfrac{1}{2}\left(\dfrac{\partial u_y}{\partial x} - \dfrac{\partial u_x}{\partial y}\right) = 0 \end{cases} \tag{9.8}$$

势函数的全微分形式为

$$\mathrm{d}\varphi = u_x \mathrm{d}x + u_y \mathrm{d}y + u_z \mathrm{d}z \tag{9.9}$$

势函数 φ 与流速分量的关系为

$$u_x = \frac{\partial \varphi}{\partial x}, \quad u_y = \frac{\partial \varphi}{\partial y}, \quad u_z = \frac{\partial \varphi}{\partial z} \tag{9.10}$$

流速势函数 φ 的主要物理性质如下:

（1）等势线与流线正交，等势面为过水断面。

（2）流速势函数 φ 满足拉普拉斯方程，是调和函数，即

$$\frac{\partial^2 \varphi}{\partial x^2}+\frac{\partial^2 \varphi}{\partial y^2}+\frac{\partial^2 \varphi}{\partial z^2}=0 \tag{9.11}$$

3. 流函数与势函数为共轭调和函数

对于不可压缩液体平面势流，同时存在势函数与流函数且满足：

$$\begin{cases} u_x=\dfrac{\partial \varphi}{\partial x}=\dfrac{\partial \psi}{\partial y} \\[3mm] u_y=\dfrac{\partial \varphi}{\partial y}=-\dfrac{\partial \psi}{\partial x} \end{cases} \tag{9.12}$$

ψ 和 φ 的这一关系，在数学上称为柯西-黎曼条件，满足这一条件的函数称为共轭函数。所以在不可压缩平面势流中，流函数与势函数为共轭调和函数。根据上式，如果知道其中的一个共轭函数，就可以推求另一个共轭函数。

9.1.4　基本平面势流

由于目前尚无法求得拉普拉斯方程的一般解，但某些比较简单边界条件下的流函数和势函数是不难求出的，因此可根据势流叠加原理，将一些简单势流叠加来解决一些比较复杂的势流问题。

1. 不可压缩液体的基本平面势流

1）均匀等速流

均匀等速流的速度场为

$$u_x=U（常数），\quad u_y=0$$

根据柯西-黎曼条件可确定势函数与流函数分别为

$$\varphi=Ux+C_1，\quad \psi=Uy+C_2$$

由此可见，流线为平行于 x 轴的一簇直线，等势线为平行于 y 轴的一簇直线，如图 9.1 所示。

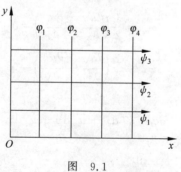

图　9.1

2) 源与汇

在无限平面上,液体从一点沿径向直线向各方向流动,称作源(或点源),流出点称作源点,如图 9.2 所示。

在无限平面上,液体沿径向直线从各方向流向一点,称作汇(或点汇),汇入点称作汇点,如图 9.3 所示。

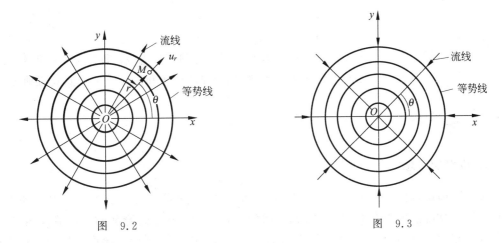

图　9.2　　　　　　　　　　　　　　　图　9.3

设液体通过以源点(或汇点)为圆心的任一圆柱面的单宽流量为 Q(垂直于 xOy 的流动平面取单位宽度),Q 为源(或汇)的强度($Q>0$ 代表源,$Q<0$ 代表汇)。

用极坐标表示的速度场为

$$u_r = \frac{Q}{2\pi r}, \quad u_\theta = 0$$

根据极坐标的柯西-黎曼条件可以求出势函数与流函数分别为

$$\varphi = \frac{Q}{2\pi}\ln r + C_1, \quad \psi = \frac{Q}{2\pi}\theta + C_2$$

等势线:$\varphi = C$,即 $r = C$,是一簇半径不同的同心圆,见图 9.2 和图 9.3。

流线:$\psi = C$,即 $\theta = C$,是一簇从圆心出发的半射线,见图 9.2 和 9.3。

3) 环流(势涡)

在流场中的液体作圆周运动,液体质点的运动速度与半径成反比,其速度场(极坐标)为

$$u_r = 0, \quad u_\theta = \frac{k}{r}(k \text{ 为非零常数})$$

势函数与流函数分别为

$$\varphi = \frac{I}{2\pi}\theta + C_1, \quad \psi = -\frac{I}{2\pi}\ln r + C_2$$

式中,I 为涡通量。

等势线 $\varphi = C$,即 $\theta = $ 常数,为一簇从原点引出的径向射线。

流线 $\psi = C$,即 $r = $ 常数,为一簇以原点为中心的同心圆。

2. 势流叠加

因为拉普拉斯方程的解具有可叠加性,而速度势函数 φ 与流函数 ψ 均满足该方程,因

此它们的解可以叠加成新解,该新解也满足拉普拉斯方程。根据这一特性,可得势流叠加原理如下。

设有几个简单势流,其势函数分别为 $\varphi_1,\varphi_2,\cdots,\varphi_k$,流函数分别为 $\psi_1,\psi_2,\cdots,\psi_k$,流速分别为 $u_1,u_2,\cdots,u_k$。这几个简单势流叠加后的势函数、流函数和速度分别为

$$\varphi=\varphi_1+\varphi_2+\cdots+\varphi_k$$
$$\psi=\psi_1+\psi_2+\cdots+\psi_k$$
$$u=u_1+u_2+\cdots+u_k$$

叠加后的解仍然满足拉普拉斯方程。因此工程中常利用势流叠加原理来解一些较为复杂的势流问题。如由源和环流可叠加成旋源流动,等强度的源和汇可叠加成偶极流动等。

9.1.5　边界层简介

1. 边界层概念

边界层理论是普朗特在 1904 年针对大雷诺数黏性流体首先提出的。普朗特认为对于水和空气等黏度很小的流体,在大雷诺数下绕物体流动时,在靠近物面的薄层流体内,沿着法向存在很大的速度梯度,黏性力无法忽略,把这一物面近区黏性力起作用的薄层称为边界层。

黏性对流动的影响仅限于紧贴物体壁面的薄层中,而在这一薄层外黏性影响很小,完全可以忽略不计,因此层外的流体可以看作理想流体来求解。

2. 边界层的基本特征

(1)边界层为一减速流体薄层,与物体的特征长度相比,边界层的厚度很小,$\delta\ll L$,边界层厚度沿流动方向增加;

(2)由于边界层很薄,可以近似认为边界层中各截面上的压强等于同一截面上边界层外边界上的压强值;

(3)在边界层内,黏性力和惯性力属于同一数量级,均应考虑;

(4)边界层内也会出现层流及紊流流态,故有层流边界层及紊流边界层之分;

(5)边界层外表面不是流面(或流线),所以有质量、能量和动量随流体由外流区流进边界层内。

3. 边界层厚度

1)名义厚度

边界层内、外区域并没有明显的分界面,一般将壁面流速为零与流速达到来流速度的99%处之间的距离定义为边界层名义厚度 δ,即

$$\delta=y_{\,|\,u_x=0.99U}$$

2)位移厚度

将由于不滑移条件造成的质量亏损折算成无黏性流体的质量相应的厚度 δ_1,又称为排挤厚度,即

$$\delta_1 = \int_0^\infty \left(1 - \frac{u_x}{U}\right) \mathrm{d}y$$

3) 动量厚度

将由于不滑移条件造成的动量亏损折算成无黏性流体的动量相应的厚度 δ_2：

$$\delta_2 = \int_0^\infty \frac{u_x}{U}\left(1 - \frac{u_x}{U}\right) \mathrm{d}y$$

4) 能量厚度

将由于不滑移条件造成的动能亏损折算成无黏性流体的动能相应的厚度 δ_3：

$$\delta_3 = \int_0^\infty \frac{u_x}{U}\left(1 - \frac{u_x^2}{U^2}\right) \mathrm{d}y$$

9.2　平板边界层气流实验

1. 实验目的

(1) 测定光滑壁面层流与紊流边界层以及粗糙壁面紊流边界层内的流速分布；确定边界层厚度 δ、位移厚度 δ_1、动量损失厚度 δ_2 和能量损失厚度 δ_3。

(2) 将层流及紊流边界层厚度的实验值与理论值进行比较。

(3) 学习使用毕托管和微压计的测速原理和量测技术。

2. 实验设备

实验在空气动力学多功能实验台上进行。该多功能实验台相当于一个小型风洞,其各部分名称见图 9.4。

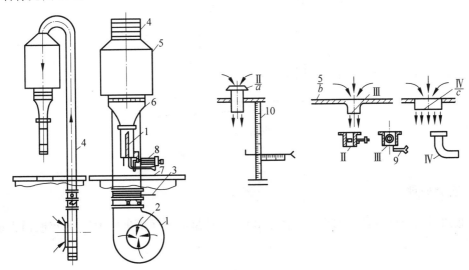

图　9.4

1—通风机；2—吸风口；3—调节阀；4—风道；5—稳压箱；6—收缩段；7—工作台；8—测试装置；9—毕托管；
10—测试装置；实验段：Ⅰ—平板边界层实验；Ⅱ—圆柱绕流实验；Ⅲ—射流实验；Ⅳ—弯管实验

　　图 9.5 为平板边界层实验段简图。经过整流的气体以匀速进入边界层实验段，在实验段轴心安装一块铝制实验平板，板可沿轴线上、下移动，以便选择不同的量测断面。

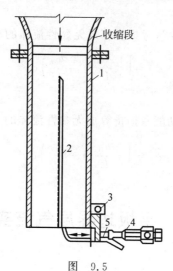

图　9.5

1—实验段；2—实验板；3—指示灯；4—千分卡尺；5—毕托管

　　在实验段出口装一根小型毕托管，其扁嘴形孔口的宽度很小，见图 9.6。毕托管连在千分卡尺上，用以调节和量测毕托管的横向位置。当毕托管刚接触到实验平板时，指示灯发亮，此点可定为量测断面的起始点。毕托管与斜管微压计相连，量测流速（见图 9.7）。

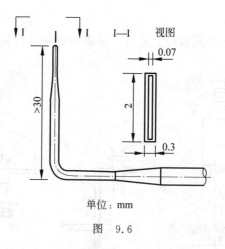

单位：mm

图　9.6

3. 实验原理

　　平板边界层厚度与流态的变化如图 9.8 所示，若量测断面横坐标为 x，则该断面雷诺数 Re 为

$$Re = \frac{u_0 x}{\nu}$$

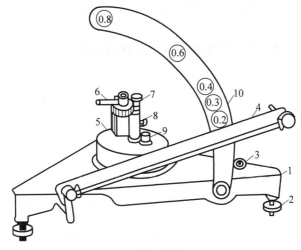

图　9.7

1—底板；2—调节螺丝；3—水平泡；4—倾斜测量管；5—酒精库；6—阀门柄；

7—零位调节阀；8—多项接头；9—加液孔；10—弧形架

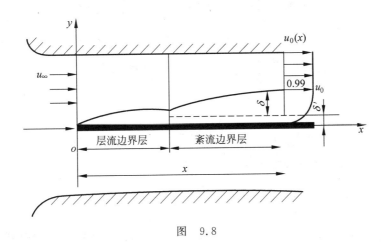

图　9.8

关于边界层几种厚度的计算公式如下。

1）层流边界层

层流边界层厚度可根据布拉休斯（H. Blasius）关于层流边界层微分方程式的理论解得到：

$$\delta = \frac{5x}{\sqrt{Re}}$$

$$\delta_1 = \frac{1.72x}{\sqrt{Re}}$$

$$\delta_2 = \frac{0.664x}{\sqrt{Re}}$$

2）紊流边界层

紊流边界层的厚度尚无完全的理论解。依据大量实验资料得到，当沿光滑壁面，平板紊流边界层的流速分布可表示成指数形式 $u/u_0 = (y/\delta)^{\frac{1}{n}}$ 时,当 $Re_x = 10^5 \sim 10^9$,指数 $\frac{1}{n} = \frac{1}{8} \sim \frac{1}{5}$,若取 $n=7$,可以推导出如下紊流边界层几种厚度的计算式:

$$\delta = \frac{0.37x}{Re_x^{1/5}}$$

$$\delta_1 = \frac{\delta}{1+n} = \frac{\delta}{8}$$

$$\delta_2 = \frac{n\delta}{(1+n)(2+n)} = \frac{7\delta}{72}$$

$$\delta_3 = \frac{2n\delta}{(1+n)(3+n)} = \frac{7\delta}{40}$$

对于已知的具有明确意义的有关边界层厚度公式,可根据流速分布用下述公式进行计算。

位移厚度:

$$\delta_1 = \int_0^\infty \left(1 - \frac{u_x}{U}\right) dy = \int_0^\delta \left(1 - \frac{u_x}{U}\right) dy$$

动量厚度:

$$\delta_2 = \int_0^\infty \frac{u_x}{U}\left(1 - \frac{u_x}{U}\right) dy = \int_0^\delta \frac{u_x}{U}\left(1 - \frac{u_x}{U}\right) dy$$

能量厚度:

$$\delta_3 = \int_0^\infty \frac{u_x}{U}\left(1 - \frac{u_x^2}{U^2}\right) dy = \int_0^\delta \frac{u_x}{U}\left(1 - \frac{u_x^2}{U^2}\right) dy$$

3)使用微压计的毕托管量测流速时,其计算公式为

$$u = \varphi \sqrt{2g\left[\frac{\rho_s(\Delta h N + \psi)}{\rho\alpha}\right]}$$

式中,φ 为毕托管修正系数;ρ_s 为酒精密度;ψ 为微压计修正系数;Δh 为斜管微压计中从零点算起的液柱高度;N 为系数,$N = \frac{n}{0.81}$,n 为微压计的常数因子。

4. 实验步骤

(1)调平斜管微压计。

(2)确定实验板长度。

(3)将指示灯电线插头分别插入与实验板和毕托管相连的孔内。

(4)接通通风机电源,开启进气调节阀门,测层流时阀门应开得很小;测紊流时则两侧阀门全开。

(5)为了测定平板边界层厚度随 x 的变化规律,可移动实验板的位置,使毕托管位于不同的 x 值处,以测出不同断面的 δ 值。

(6)量测大气压和空气的温度,并记录有关常数值。实验完毕,断电,停机。

5. 注意事项

（1）千分卡尺应缓慢旋转以防碰伤毕托管。

（2）多功能实验台的风机与风道若为两组共用时，实验时应尽量避免相互的干扰和影响。

6. 思考题

（1）说明为何在本实验条件下，平板边界层的主流区势流流速 u_0 与来流流速 u_∞ 不同，并说明 u_0 是 x 的函数。

（2）为什么在量测断面处的边界层内外的压强，都可以按大气压强来考虑？

（3）测边界层用的毕托管为什么做成扁嘴形？

9.3　势流叠加演示实验

1. 实验目的

（1）观察液体作平行流运动的迹线和流线。

（2）观察各种简单势流如源、汇、平行流以及各种简单势流叠加后所形成的流线图像。

2. 实验设备

图 9.9 为一层流实验台，它由进水管、可视实验台、支架、颜料水瓶、红水开关，以及源汇旋钮、进水开关、上下游水箱等组成。实验台上设置源汇孔及注红水针头。

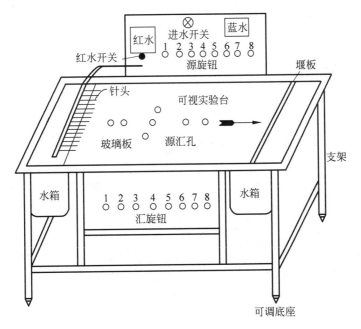

图　9.9

3. 实验原理

通过调节进水开关以及调整下游堰板,放水入实验台,使之溢流,在可视实验台上由两层玻璃板之间构成的狭缝中流动,打开源或汇的旋钮,就可以观察到势流及势流叠加现象。

4. 实验步骤

(1) 打开进水开关,放水入实验台,调整下游堰板使之溢流。

(2) 上下拉动实验台上玻璃板,排除实验台上水流中的气泡。

(3) 打开红水开关,将各针头的红水注入实验台流动的清水内,可观察平行流的流线。

(4) 打开其中一个源的旋钮放入蓝色水,可观察二维钝头流线体的绕流流线。

(5) 也可打开一个源的旋钮、一个汇的旋钮以观察偶极子。

(6) 可同时打开二并行的源的旋钮,可叠加成一直线图。

5. 注意事项

(1) 阀门旋钮要缓慢调节。

(2) 在放水时,调节下游堰板,使水位适中。

6. 思考题

(1) 请给出源和平行流叠加后生成的二维钝头流线体的流函数表达式。

(2) 什么是平面势流的叠加原理? 有何意义?

(3) 简单的平面势流有哪几种? 请给出对应的流函数及势函数表达式。

第 3 部分

实验误差分析

第10章
Chapter

量测误差及精度分析

10.1 量测与误差的基本概念

10.1.1 量测的作用和分类

量测是一种认识过程,就是用实验的方法,将被量测物理量与所选用作为单位的同类量进行比较,从而确定它的大小。在水力学的研究中,各种水力要素的量测是很重要的。它是人们获得知识的重要手段,对促进水力学学科的发展起了很重要的作用。

按如何得到量测结果的方式,可以把量测工作分为直接量测、间接量测和组合量测三类。凡是由实验数据直接得出量测结果的量测方式为直接量测。例如,用测针量测水位,用测压管量测压强等。也就是说,凡是直接量测出被测物理量的数值,都是属于直接量测。

凡是基于直接量测得到的数据,再按一定的函数关系,通过计算才能确定物理量数值的量测方式为间接量测。例如,通过量测毕托管连接的压差计中的压差来计算流速;通过量测文丘里管连接的压差计中的压差来计算管道的流量等。间接量测方法在量测工作中是非常普遍的。当遇到直接量测很不方便,或缺乏直接量测的仪器时,一般都需要进行间接量测。

凡是需要由一种数值或几种同类数值多次量测,然后把测得的数值组合起来,以得出最后结果的量测方式称为组合量测。

按被量测的物理量在量测过程中是否随时间而变化,可把量测工作分为静态量测和动态量测。静态量测是指在量测过程中,被测物理量不随时间而变化,或者变化很慢,所以又称稳态量测。在静态量测中,通常对同一物理量进行重复量测,取其多次量测值的平均值作为量测结果,从而可提高量测结果的精确度,因而静态量测又可称为重复量测。而动态量测是指在量测过程中,被测物理量随时间作不规则变化或周期性变化,因而又称为过程量测或瞬态量测。在水力学实验技术中,动态量测技术是研究非恒定流动和高速流动过程的重要手段。

在水力学实验中,不管选用任何量测方式所测得的数据都会含有误差,误差无论大小都会影响实验成果的精确度,故需要对误差进行讨论。

10.1.2　误差及误差分类

在任何一种量测中,无论所用仪器多么精密,方法多么完善,实验者多么细心,所得结果往往仍然不能与被测物理量的真值完全一致,因而存在一定的误差或偏差。严格来讲,所测得的数值与被量测物理量真值之间的差,是量测仪器本身的误差以及量测的辅助设备、量测方法、外界环境、操作技术等带来的误差诸因素共同作用的结果。

根据误差的性质及其产生的原因,可将误差分为如下几类。

1. 系统误差

系统误差是指在一定条件下多次量测时误差的数值保持恒定,或按某种已知的函数规律变化的误差。

系统误差产生的原因主要是由于仪器不良,如刻度不准、砝码未校正;周围环境的改变,如外界温度、压力、湿度等的影响;个人习惯与偏向,如读数时偏高或偏低等引起的误差。此种误差在同一物理量的测定中接近于常数。根据仪器的缺点、外界条件变化影响的大小、个人的偏向,分别加以校正后,可以在一定程度上清除影响。

2. 随机误差

随机误差又称偶然误差,它具有随机变量的一切特点,因而在一定条件下服从统计规律。随机误差的产生取决于量测过程中一系列随机因素的影响。

随机误差有时大,有时小,有时正,有时负,方向不一定。随机误差产生的原因一般不详,因而无法控制。但同一精密仪器,在同样条件下,对同一物理量进行多次量测,若量测次数足够多,则可发现随机误差基本服从统计规律。

3. 疏失误差

疏失误差是一种显然与事实不符的误差,它主要是由于测试者粗枝大叶、过度疲劳或操作不正确等而引起,如刻度值读错、记录有误、计算错误等。此类误差无规律可循。从性质上来看,疏失误差可能具有系统误差的性质,也可能具有随机误差的性质。它明显地歪曲了量测结果,含有疏失误差的量测数据称为反常值或坏值,应剔除不用。

在作误差分析时,要考虑的只有系统误差和随机误差,而疏失误差只要实验安排正确,量测人员专心一致,一般是可以避免的。

10.1.3　误差的表示方式

1. 绝对误差

量测一个物理量后,量测值和真实值之差为绝对误差,简称误差,即绝对误差=量测值-真值。绝对误差可以是正值或负值。

所谓真值是指在某一时间和空间状态中体现某一物理量的客观值。所以真值是一个理想概念的数值,一般是不知道的。但在某些特定情况下真值又是可知的,例如:平面三角形内角之和为 180°,一个整圆周角为 360°等,一般采用多次量测的算术平均值作为真值。

2. 相对误差

绝对误差与被量测物理量真值之比称为相对误差,也可近似地用绝对误差与测得值之比作为相对误差,即

$$相对误差 = \frac{绝对误差}{真值} \approx \frac{绝对误差}{测得值}$$

相对误差是无量纲的数值,通常以百分数(%)来表示。

3. 精密度、准确度与精确度

精密度反映随机误差大小的程度;准确度反映系统误差大小的程度;精确度反映综合误差大小的程度。

在量测中,尽量做到随机误差与系统差都小,即综合误差小,从而精确度(简称精度)高。精度高的实验,其误差小。

精密度和准确度是两种不同的概念,不能混为一谈。二者之间的区别可以用打靶时弹着点分布情况来说明,见图 10.1。

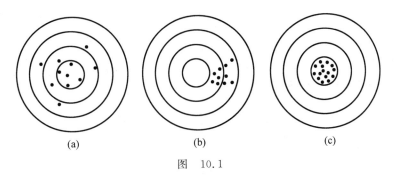

图　10.1

精密度的高低在靶纸上体现在弹着点分布区域的大小。当弹着点都密集于一个很小的区域中时,其精密度是高的。准确度体现在所有弹着点相对于靶心的偏离程度,显然偏离程度越小则准确度越高。图 10.1 中(a)、(b)二者的成绩都不理想,而图(c)则显示了射手在准确度和精密度两方面都有优异的技能。在量测中,被量测的量的真值相当于靶纸上的靶心。为了获得精确的量测结果,对量测设备,不仅要看它的精密度,也要注意它的准确度。

10.2　随机误差的特点及其分布

10.2.1　随机误差的特点

当对某物理量重复多次量测时,只要量测仪表的灵敏度足够高,就会从量测结果中发现随机误差的影响。

若量测中不包含系统误差和疏失误差,则随机误差具有以下特点。

(1)绝对值相等的正误差和负误差,其出现的可能性相等。这个特性说明了误差方向的规律性。

(2)绝对值小的误差比绝对值大的误差在量测中出现的次数较多。这个特性说明了误差大小的规律性。

(3)在某一特定的量测环境中,随机误差的绝对值不会超过某一限度。这个特性说明了量测的条件。应该根据这个特性来确定每一次量测过程中所允许的误差范围。

(4)随着同一量的等精度量测次数的增加,随机误差的代数和将越来越趋近于零。这个特性表示随机误差大量量测过程中的抵偿性能。

10.2.2　随机误差的分布

比较典型的一种随机误差分布为正态分布,它是连续型随机变量的一种理论分布,是 1795 年由高斯(F.Gauss)提出的,所以也称高斯误差方程。在多数情况下,其他各种误差分布都是以正态分布为极限。这就是正态分布在理论上的意义,而且在实用上,误差理论也是以它为基础而发展起来的。

正态误差方程为

$$f(x) = \frac{1}{\sigma\sqrt{2\pi}}e^{-\frac{x^2}{2\sigma^2}}$$

式中,σ 为标准误差。

正态分布曲线如图 10.2 所示。

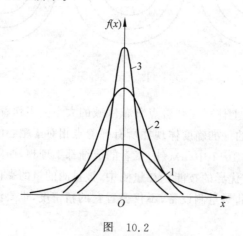

图　10.2

误差的数学期望:

$$E = \int_{-\infty}^{+\infty} x f(x)\,\mathrm{d}x = 0$$

方差:

$$\sigma^2 = \int_{-\infty}^{+\infty} x^2 f(x)\,\mathrm{d}x$$

算术平均误差：

$$\eta = \int_{-\infty}^{+\infty} |x| f(x) \mathrm{d}x \approx 0.7979\sigma$$

从误差曲线上看，我们知道大误差的概率是极小的，小误差的概率是很大的。因此，我们可以人为地定出一个误差概率的最小范围。凡误差出现的概率超出此范围的，可以说它不属于概率误差。有关误差理论的详细叙述，请参阅有关的书籍。

第11章
Chapter

实验数据的处理

11.1 实验数据有效数字的确定

做实验时所记录的量测值或者根据量测值计算实验结果时,都有一个对数据应该取多少位的问题。那种认为在一个数值中小数点后面的位数越高就越准确的看法是不正确的。数据位数的选取应根据仪器的精度以及有效数字的运算法则来决定。

从仪器上读数值时,在最小刻度值之间还应估读一位数字,估读的是欠准值。在估读的欠准值之前的数是准确数,是由仪表刻度指示的明白无误的数字或数字仪表上稳定的数字。准确数和欠准值合在一起构成有效数字的位数。例如,一般测压计分度值为 1mm,估读的欠准值可达 0.1mm。因此,若测压计的读数是 159.2mm,则有 4 位有效数字;如果压力不太大,也可能只有 3 位有效数字或 2 位有效数字,例如 76.3mm 或 9.7mm。但是无论如何也读不出小数点后的第二位数字。因此,若有读数 76.37mm,则末位数是无意义的,就仪器本身的精度而言只能得到读数 76.3mm;同时,也不能丢掉有效数字的位数,例如欠准值正好为零时,应记为 76.0,而不能记为 76,否则就丢掉了一位有效数字。

不同位数的有效数字经运算后应取多少位? 特别在用计算器或计算机计算所得的数据位数很多,应如何取舍? 下面有几条应遵守的规则。

1. 加减法

在进行加减运算时,应将各数的小数点对齐,以小数位数最少的数为准,其余各数均凑成比该数多一位,例如:

$$70.5 + 3.01 + 0.335 + 0.0575$$

应写成

$$70.5 + 3.01 + 0.34 + 0.06 = 73.91$$

但在做减法时,当相减的数非常接近时,则应尽量多保留有效数字,或从计算方法或量测方法上加以改进,使之不出现两个接近的数相减的情况。

2. 乘除法

以有效数字位数最少的为准,在运算过程中,其余数据可经四舍五入后比该数多保留一位有效数字,所得积或商的有效数字应与有效数字最少的数据相同。例如 $13.467\times0.0274\times$ 1.3 可化成 $13.5\times0.0274\times1.3$,运算结果为 $0.480\,87$,结果应取为 0.48。

3. 对多余数字的取舍

有效数字位数确定以后,其余数字一律采用"四舍五入"的法则舍弃。当末位有效数字后面的一位数正好等于 5 时,如前一位是奇数,则应进一位;如为偶数,则可直接弃去。例如 26.0349,如取 4 位有效数字时应写为 26.03,如取 5 位有效数字则为 26.035,但将 26.035 与 26.045 分别取 4 位有效数字时,则应写为 26.04 与 26.04。

4. 大位数或特小位数可用 10 的方次来表示

例如 $Re=3.830\times10^{5}$,有效数字为 4 位,如写成 $Re=383\,000$,则有效数字就成了 6 位,与实验的精度不合。

5. 对数运算

在对数运算时,所取对数位数应与真数的有效位数相等,例如,$\lg3.474=0.5408$。

6. 平均值的计算

在计算平均值时,若为 4 个或超过 4 个数相平均,则平均值的有效数字位数可增加一位。

7. 乘方与开方运算

在做乘方与开方运算时,运算结果要比原数据多保留一位有效数字,例如,
$$27^{2}=729,\sqrt{3.5}=1.87,\sqrt{27.365}=5.231\,16$$

8. 精确度的表示

在表示精确度时,有时也称作误差,一般只取 1 或 2 位有效数字。

11.2　实验数据列表表示法

列表法是表达实验结果的一种方法,与曲线表示相比具有数据准确、便于查用的优点,在同一表内还可以同时表示几个变量间的变化,以利对照使用。列表时应注意以下问题。

1. 表的名称及说明

表的名称应简明扼要,一看即可知其内容。如果过于简单不足以说明表中内容时,则应在名称下面或表的下面附以说明,并注出数据来源及实验条件。

2. 表的项目

表的项目应包括名称及单位,一般在不加说明即可了解的情况下,应尽量用符号表示。表内主项习惯上代表自变量 x,副项代表因变量 y。至于自变量的选择,一般以实验中能够

直接量测的物理量,如角度、压力、坡度等作自变量。

3. 数值的写法

数值的写法应注意整齐统一。有效数字位数应取舍适当。同一项内的数值小数点位置上下对齐。如有效数字位数相同,但各数值间的变化为数量的变化,则用 10 的方次表示较为方便。

4. 自变量间距的选择

列表时,自变量 x 常取整数或其他方便值,按增加或减少的顺序排列。相邻两数值之差 Δx 称为表差或间距。如差值为常数,则称 Δx 为公差或定差。因自变量 x 通常为整数,因而表差 Δx 一般为 1×10^n, 2×10^n 或 5×10^n,指数 n 为正整数。

列表法有许多优点,但缺点也是显然的。尽管人们的量测次数和实验数据非常多,然而并不能完全给出所有的函数值;其次,只能大概估计出函数是递增的、递减的或是周期性的,而不易看出自变量变动时函数的变动规律。要进行深入一步的研究分析,表格法就无法胜任了。

11.3　实验数据的图线表示法

用图线来表示实验结果时简明直观,而且容易研究其变化规律和发展趋势。如把几条曲线放在一起,还便于分析比较。所以,这种方法是科学研究和工程应用中常用的方法。另外,如果图形画得准确,还可以在曲线上量取数值,定出斜率等参数。在绘图时应注意以下几个方面的问题。

1. 图纸的选择

图纸的种类（普通方格纸、半对数纸、对数纸等）是首选的。选定后还要考虑其大小,大小要适当,坐标纸太小会影响原数据的有效数字;坐标纸太大会夸大原数据的精确度。在决定纵横坐标所代表的变量时,应考虑尽可能绘成单位的曲线图。

2. 坐标的分度

应首先仔细考虑坐标的分度,坐标分度最好与实验值的有效倍数一致。其次,纵轴和横轴之间的比例不一定取得一样,应合理选择,力求使曲线大部分点的几何斜率接近 1。另外,坐标原点也不一定为零,应选用稍低于实验数据中某一组最低值的某一对整数作为坐标原点。高于最高值的某一整数作为终点,以便所得图线能占满全幅坐标纸为合适。坐标分度主线的间距用 1、2、4、5 等数字标定为宜,而忌用 3、6、7、9 等数字。在图上不宜把数值标得过密,只需标出主分度线上的读数。

3. 实验曲线的绘制

首先要在坐标纸上根据实测数据标出实验点来,并用不同符号区别清楚不同的实验条件和工况。由实验点作曲线应尽可能使曲线光滑,尽可能使曲线通过实验点的平均位置,不能任意外延曲线。

当实验点较多时,可将实验点分为适当大小的几组,则每组内位于曲线两侧的点数大致相等,两侧实验点至曲线的垂距的总和也应大致相等。

曲线不必一定通过图上各实验点。一般来讲,两个端点由于仪表和方法的关系,量测精度一般较差,因此,绘制曲线时应占较小的比重。

在绘制实验曲线时,由于各种误差的影响,实验数据呈离散现象,此时的实验曲线不会是一条光滑曲线,而表现出波动或折线状。这时出现的波动变化规律并不与自变量 x 和因变量 y 的客观特性有关,而是反映了误差的某些规律。

对个别的可疑点,即绝对误差 $|\varepsilon| \geqslant 3\sigma$($\sigma$ 为均方根误差)的点应该舍去,因为按照概率论,它们出现的概率极小,因此这种点的出现往往是由于操作失误引起的。

图形法与列表法都有共同的缺点,即比较难以进行深入一步的数学分析。由于图形尺寸有限,作图精度一般没有实验精度高,在图形上由自变量求对应的因变量值常会给出较大的误差。

参 考 文 献

[1] 冬俊瑞,黄继汤.水力学实验[M].北京:清华大学出版社,1991.
[2] 尚全夫,崔莉.水力学实验[M].大连:大连工学院出版社,1988.
[3] 李家星,陈立德.水力学[M].南京:河海大学出版社,1996.
[4] 李炜,徐孝平.水力学[M].武汉:武汉水利电力大学出版社,1999.
[5] 陈克诚.流体力学实验技术[M].北京:机械工业出版社,1983.
[6] 华东水利学院.模型试验量测技术[M].北京:水利电力出版社,1984.
[7] 赵振兴,何建京.水力学[M].2版.北京:清华大学出版社,2010.
[8] 奚斌.水力学(工程流体力学)实验[M].北京:中国水利水电出版社,2007.
[9] 俞永辉,张桂兰.流体力学和水力学实验[M].上海:同济大学出版社,2003.